男人的格局决定结局

郑斌 ◎ 编著

中国纺织出版社

内 容 提 要

《财富》杂志的主编吉夫科文说:"格局决定结局,态度决定高度。"所谓格局,就是指一个人的眼界和心胸。任何一个男人,要想成就一番事业,就要有大的格局,就要懂得如何做人做事、如何思考问题。

本书从当下生活和工作中男性遇到的困惑出发,让男性朋友们认识到,人生的格局在于你怎么说话、怎么做事,在于你的视觉、你的思维,在于你的每个想法等,通过这些分析,帮助大家更深层地了解自己,从而改变思维方式,调整处事格局。

图书在版编目(CIP)数据

男人的格局决定结局 / 郑斌编著 .--北京:中国纺织出版社,2017.12

ISBN 978-7-5180-4479-5

Ⅰ.①男… Ⅱ.①郑… Ⅲ.①男性—成功心理—通俗读物 Ⅳ.①B848.4-49

中国版本图书馆CIP数据核字(2017)第313624号

责任编辑:闫 星　　特约编辑:李 杨　　责任印制:储志伟

中国纺织出版社出版发行
地址:北京市朝阳区百子湾东里A407号楼　邮政编码:100124
销售电话:010—67004422　传真:010—87155801
http://www.c-textilep.com
E-mail: faxing@c-textilep.com
中国纺织出版社天猫旗舰店
官方微博http://weibo.com/2119887771
三河市宏盛印务有限公司印刷　各地新华书店经销
2017年12月第1版第1次印刷
开本:710×1000　1/16　印张:13
字数:195千字　定价:36.80元

凡购本书,如有缺页、倒页、脱页,由本社图书营销中心调换

序

《财富》杂志的主编吉夫科文曾说过这样一句话："格局决定结局，态度决定高度。"中国近代著名的军事家、政治家曾国藩在谈到如何将事业做大时有这样一句名言："谋大事者首重格局。"所谓格局，就是指一个人的眼界和心胸。大格局是一种智慧，大智若愚；大格局是一种境界，大勇若怯；大格局是一种深度，大音希声；大格局是一种品性，大巧若拙；大格局是一种姿态，大象无形。

综观那些成功男士的人生历程，我们不难发现，他们于涉世之初的数年实践中积累了无数社交与处世的智慧，他们知道何谓安身立命的真谛，早早地深谙人际交往的艺术，拥有巧妙的处世心机，使自己的人生之路少些坎坷，多些顺达，而这就奠定了他们的大格局。

任何一个男人，都要独闯世界，意味着放弃羞涩、胆怯和懦弱去追求勇敢无畏的胆识。古往今来，历史上的成功男人无不是社交与处世智慧的成功实践者。他们年轻时往往在处世时取舍得当、进退有度，凡事既坚持自己的原则又懂得人情世故，于复杂的人际交往中游刃有余。

有人说，男人的生命不在于轰轰烈烈，而在于问心无愧。只要自己认为正确的事情，就要坚持到底，不轻易妥协，正所谓：事事我曾抗争，成败不必在我。男人一生，荣辱一世，成败乃兵家常事，只是有时败得悲壮，有时败得无畏，有时败得合理，有时败得可惜，但只要学会在失败中总结和积累智慧，吸取教训，持之以恒，成功就在下一刻等待着你。

每个男人要明白，那些大有作为的成功男士不都是含着金钥匙出生，也不是顺风顺水抵达终点的人，他们的共同特点是能够立足于广阔的格局，进而能

灵活应用社交与处世的智慧，懂得如何武装自己，如何让每一天过得充满生机和活力，如何在社会的磨砺中勇往直前，如何充满希望地迎接生命中的任何挑战，如何将一颗年轻的心点燃激情，照亮整个世界，温暖周围所有的人，为自己指明方向，走向理想的殿堂！

本书以扩展人生格局为立足点，着意提升那些渴望成功的男人们的眼界、胸怀、情商以及做人、处世的智慧，为生活中的男人们提点成长经验、点破社交困境、洞悉处世奥秘。寄希望让读者在经典故事和精练言语中掌握处世中最常见、最基本、最实用的素质和本领。相信书中的知识一定能使你在社交和处世时如虎添翼、如鱼得水，无往不利地展翅翱翔！

编著者
2017年9月

目录

第1章 男人立身处世，做事必先做人 001

男人有思想，做人智慧的来源 002

男人有见识，眼界拉短成功的身影 004

男人要拼搏，奋发图强一鸣惊人 006

男人有雄心，英雄由心创造 009

男人要相信，你完全可以做得更好 011

第2章 男人提升格局，要先有仁爱之心 015

男人要厚道，用真心对待人生 016

男人要用仁爱之心扶危济困 018

男人要呵护她，学会欣赏另一半 020

男人坦坦荡荡，是一件乐事 022

男人要心细，细节成就未来 025

第3章 男人说话有法，一口吃出个"天下" 029

男人会说话，是能力的一种体现 030

说话重诚信，男人言而有信是好汉 032

说话有礼貌，男人风度翩翩的要义 034

说话有条理，男人思维要清晰 037

说话要真诚，男人用心构筑生活 039

说话要精练，句句说到点子上 042

第4章 男人说话有度，进退有度，把握分寸 045

说话看时机，会说更要说得准 046

说话要斟酌，男人沉默有内涵 048

说话留余地，退一步说话是高招 050

说话有分寸，谨慎有度是重点 052

说话多留神，细细推敲学问多 055

第5章 男人巧妙办事，扩展思路讲方法 057

把握做事分寸，成就精妙人生 058

利用优势，做最擅长的事 060

善抓机会，实现质的改变 063

事情的成败，决定于点滴的细节 065

第6章 男人变通做事，此路不通另寻他法 069

不在错误的地方寻找正确的答案 070

达到目标的路并非只有一条 073

变通是对男人思维的考验 076

以退为进是对男人智慧的考量 079

第7章　男人存有心机，不攻敌也可以防身 083

"弹簧"做人，游刃有余 084

把握时机，要有心机 086

立身处世，攻心为上 089

"难得糊涂"，实为精明 091

深藏不露，藏锋敛迹 093

第8章　男人储存人脉，朋友多了路好走 097

人情投资，处处开花 098

善借者赢，借力是福 100

处世之道，适者生存 102

推销自己，善抬身价 104

第9章　男人能屈能伸，控制自我掌握命运 107

忍，男人要修炼的一种境界 108

男人要慧眼识势，量力而行 110

能屈能伸是男人的真功夫 114

在看不到希望时，不颓废要准备 117

男人依靠他人，不会成就杰出的自己 120

在困境中，也要保有自己的理想 124

人生起伏，进退之间显智慧 126

男人如船锚，起作用就要埋没自己 129

第10章 男人励精图业，命运跟着心态改变 133

耐心是男人铸就辉煌人生的跑道 134
感恩的心态带来成功 136
不以物喜，不以己悲 139
男人的名字叫做坚持到底 141
男人要一诺千金 144

第11章 男人修身养性，品格比能力更重要 147

诚实是男人开启人性之门的金钥匙 148
果断是男人生命意志的急速显示 150
善良是男人生命中至纯至美的黄金 152
男人的宽容是说服自己的过程 155

第12章 男人修炼品格，积极乐观为第一 159

男人的名字叫坚强 160
男人要乐观，人生才充满光明 163
男人有耐心，人生曲折才有意义 165
男人处世，生一日当尽一日之勤 168

第13章 男人胆子大，敢闯敢干成大器 171

真男人，敢为天下先 172
冒险，男人成功路上的指明灯 175
化"如果"为"可能"的伟大力量 178

男人得行动，自古富贵险中求 180
男人要勇敢，用勇气诠释人生 183

第14章　男人冒险不傻冒，胆量需要智慧的协助 187

男人有勇气，但不要蛮干到底 188
男人要尝试，更要讲究方法 191
男人有魄力，为胆量注入智慧 193
因为年轻，男人更要果断 195

参考文献 198

第1章
男人立身处世，做事必先做人

做事先做人，这句话我们耳熟能详。《三字经》中说："人之初，性本善。"人性是善良的、简单的。但在复杂的社会中，男人需要努力扮演好诸多的角色，时时恰到好处，事事左右逢源，确实是做人的一种艺术，更是一门学问。在人生的任何时刻，男人都需要不断地校正自己的品行，让自己的行为符合真善美之心，堂堂正正、清清白白、坦坦荡荡地立足于天地之间。

男人有思想，做人智慧的来源

思想是男人至高无上的力量，是年轻男人走向成功的基石。男人有思想才能水流不腐，才能海阔天空任我行，才能游刃有余自从容，才能笑看风云世事明，才能左右逢源人生顺达。

二十几岁的男人要有思想，思想是男人最强大的隐蔽力量，是一种做人的智慧与谋略。男人有思想，才能积极主动地创造成功的机会，寻找生活中的快乐，从而打造丰富多彩的人生。

年轻的男人有思想，是涉世之初的必要准备，是处世不拘泥于一格的灵活应变，是方圆有度的变通策略，是成就梦想的必由之路，是迈向成功的奇思妙想，是从容进退的大智大慧。

思想对男人而言是最复杂、最深奥的。笛卡儿曾说："我思故我在。"由此来看，思想是与生俱来的，只有你学会思考，才能证明你的存在。思想与二十几岁男人的学历、知识无关，仅仅是对自然、对生活、对人生、对自己的一种最彻底、最本质的感悟。即使一个目不识丁的男人，也可能是一个思想者。年轻男人要有思想，因为男人肩负着成功的重任，而成功的核心，就是思想。

曾经有一位大师谈起了思想的伟大，"你看，耶稣一个无名之辈，身无分文，只带着个'思想'，在欧洲布道。前有政府卫兵的拦截，后有教派武士的追杀，无数次生死劫难。岂料，千百年后，耶稣的思想征服了世界的多数地区。"

孔子自古以来便被奉为圣人,仅仅因为孔子弘扬他的思想,开创了"修身齐家治国平天下"的教育先河。

历朝历代的统治者都妄想着能够千秋万代,但古都的繁华,转瞬即空,只有孔圣人,因为其有思想而被后世景仰,亦成为中华民族的骄傲,传承着悠悠五千年的文化精髓。男人要成为成功的官员,应该有"先天下之忧而忧,后天下之乐而乐"的思想境界,否则就可能沦为玩弄政治的政客;男人要成为成功的商人,应该有"君子爱财,取之有道""千金散尽还复来"的思想境界,否则就可能堕入唯利是图、谋财害命的歧途。

年轻的男人千万不能逞匹夫之勇,而要用你的智慧和思想去打拼。一个国家,因为"思想"可以复兴,进而强大;一个民族,因为思想可以兴盛;一个男人,因为思想也可以走向成功。

在越王勾践败于吴王夫差后,被吴国囚禁三年,卧薪尝胆,受尽了屈辱。回国后,他励精图治,立志复国。终于,越国在他的领导下国富民强、兵强马壮。

将士们再一次向勾践请战:"大王,越国的四方民众,敬爱您就像敬爱自己的父母一样。现在,儿子要替父母报仇,臣子要替君主报仇。请您再下命令,与吴国决一死战。我等愿为大王马首是瞻。"

勾践于是答应了将士们的请战要求,把军士们召集在一起,向他们表示决心说:"我听说古代的贤君不为士兵少而忧愁,只是忧愁士兵们缺乏自强精神和思想。我不希望你们不用思想,单凭个人的勇敢,而希望你们步调一致、同进同退。前进的时候要想到会得到奖赏,后退的时候要想到会受到处罚。这样,就会得到应有的赏赐。进不听令,退不知耻,就会受到应有的惩罚。"

到了出征的时候,越国的人都互相勉励、相互协作、顽强奋战。大家都说,得国君如此,谁能不为他尽忠呢?由于全体将士斗志十分高涨,终于打败了吴王夫差,灭掉了吴国。

勾践要求年轻的战士们用脑子作战,而不是使用蛮力,在战斗时保持统

一，听从指挥，这样就保证了年轻战士们的思想性、纪律性，也为战争的最后胜利奠定了基础。

男人要善于调整自己的思想，与时俱进，才能改变人生。男人可以暂时没有名车、洋房，也可以暂居官场小吏，甚至，你还可以没有足够的钱，用来满足家人和自己小小的愿望，但是，你唯独不能没有思想。

思想，是一个男人成功的基础，也是一个男人功成名就后的堤坝，更是一个男人超越名利，带领家人走入宁静、享受真正生活的大门。

思想是男人的立身之本，是男人为人处世、顶天立地、是非分明、敢做敢为、堂堂正正、无愧无悔的基石，是男人成长为巍巍高山、郁郁大树的根基。有思想的男人，才能经受住春夏秋冬的历练，并由此走向成熟，走向成功。

男人有见识，眼界拉短成功的身影

广博的见识，开阔的眼界，可以很有效地拉近自己与成功的距离，使男人们少走弯路。一个男人的见识有多广，他的事业就会有多大。

什么是见识？见识是一个男人对事物的看法和态度。一个有见识的男人必须有很高的修养，因为他看问题是从全局的高度、正义的立场和是否有利于更多的人的角度出发的，而不是执着于个人的感受和利益的得失而固执己见。

广博的见识，开阔的眼界，可以很有效地拉近自己与成功的距离，并具有防止男人少走弯路、多聚人气等诸多益处。有一句话说得好："一个人的心胸有多广，他的世界就会有多大"，现在我们也可以说："一个男人的见识有多广，他的事业就会有多大。"

有这样一个小故事：三个人要被关进监狱三年，监狱长满足他们一人一个要求。

美国人爱抽雪茄，要了三箱雪茄。法国人最浪漫，要一个美丽的女子相伴。而犹太人说，他要一部与外界沟通的电话。三年过后，第一个冲出来的是美国人，嘴里、鼻孔里塞满了雪茄，大喊道："给我火，给我火！"原来他忘记要火了。

接着出来的是法国人。只见他手里抱着一个小孩子，美丽女子手里牵着一个小孩子，肚子里还怀着第三个。

最后出来的是犹太人，他紧紧握住监狱长的手说："这三年来我每天与外界联系，我的生意不但没有停止，反而增长了200%，为了表示感谢，我送你一辆劳斯莱斯！"

这个故事告诉我们，即使是在逆境中，一个有见识的男人也永远走在别人的前面。只有接触最新的信息、了解最新的趋势，才能更好地创造自己的未来。

读书，是一个人增长见识的重要手段和过程。博览群书，博古通今，汲取前人的智慧，了解事物的本质，研究事物的规律，结合现实生活提出新的见解，就是增长了见识。如果男人能认识到这一点，他们就会在人生的黄金时段，学习得更深入、更扎实一些，夯实自己的基础。

《财富》杂志访问了咖啡王国星巴克的董事长霍华德·苏卡茨，在问及他成功的原因时，苏卡茨说："我早晨5点至5点半之间起床，自然第一件事就是煮咖啡，或许是浓咖啡，或许是印度尼西亚咖啡，看心情了。然后喝咖啡，读3种报纸：雅图时报、华尔街时报以及纽约时报。还要听过去24小时的销售报告的语音留言。这个习惯我已经坚持25年了。"

正是因为他孜孜不倦的学习才使得他不断丰富自己的见识，在竞争激烈的当今社会还能使星巴克稳坐咖啡王国的头把交椅。

增长见识，还要虚心向他人学习。孔子说的"三人行，必有我师"就是这个道理。书上的知识需要男人去领会和感悟才能变成自己的见识。但是参加工作走向社会之后，别人的实践行为和见解就是活生生的教材。

在荀子的《劝学》中有这样一句话："闻道有先后，术业有专攻。"这其

实说的是每个人都具备一技之长,但是每个人的见识又都是有限的,我们应该怀着兼收并蓄的心态向身边的人学习。

汉高祖刘邦曾说过一句话:"夫运筹于帷幄之中,决胜于千里之外,吾不如子房。镇国家,抚百姓,给馈饷,不绝粮道,吾不如萧何。连百万之军,战必胜,攻必取,吾不如韩信。此三者,皆人杰也,吾能用之,此吾所以取天下。"是的,也许刘邦出身差,力量弱,毛病多,本不足以成大器。但是由于他善于向身边有能力、有才华的人学习,虚心接受他们的意见,才能最终在楚汉战争中获得胜利。反观"力拔山兮气盖世"的西楚霸王项羽,正是因为自命不凡、不可一世,不肯听从范增等人的意见一次又一次地放过刘邦,才落了个"四面楚歌""乌江自刎"的结局。可见"学"才是"胜"的王道。

二十几岁的男人缺乏更多可以依靠的实力,想要迅速崛起,就要善于发现别人的长处,以人之长补己之短,不断提升自己。常有人感慨:"听君一席言,胜读十年书。"与有见识的人交往,并虚心向他们学习是一个人增长见识的重要途径。

男人有见识是拥有知识和学问的表现,更是一种素质和能力的体现。只要能想到就有可能做到,但没想到而做到的可能性就很小。不断增长自己的见识,远比只是死盯着你存折上的数字要更有意义得多,积聚知识、增长见识带来的收获,对年轻男人来说,会是一笔受益终身、取之不竭的财富。

男人要拼搏,奋发图强一鸣惊人

男人勇于拼搏,则所向披靡;四平八稳,将一事无成。

什么是拼搏?拼搏就是用尽全力去搏斗。小草破土发芽是一种拼搏;雄鹰翱翔蓝天是一种拼搏;鲤鱼不甘于平凡,奋力一搏,跃过龙门,是一种拼搏;溪流奋力冲过岩石的阻挠,奔向大海,是一种拼搏;运动员挥洒汗水是一种拼搏；还有精卫填海、夸父逐日、愚公移山……历史的长河里只会留下这些勇于拼搏的强者的足迹。

男人年轻时不能没有拼搏，只有拼搏才是获得成功的渠道；只有拼搏，才可享受胜利的荣耀。"爱拼才会赢"这句话造就了古往今来多少功成名就的男人！人生的道路不会是一马平川，事业的征途常充满崎岖艰险。男人，不一鼓作气地奋斗，不豁出性命地拼搏，四平八稳是难以实现高远目标的。

拿破仑说过："我们应当努力拼搏，有所作为，这样，我们可以说，我们没有虚度年华，并有可能在时间的沙滩上留下我们的足迹。"不错，男人就要为了自己的目标去奋斗、去拼搏，不惜一切，倘若一生碌碌无为，虚度年华，还有什么意义呢？拼搏可以使你的人生充实丰富、多彩多姿。拼搏使男人产生激情与快乐，而这种激情与快乐不是没有理由的，因为它使你走向成功，使你了无遗憾，使你拥有永远乐观向上的心态。因此，每个男人都能从拼搏中获得快乐、取得成功。

一个男人从小就历经坎坷，5岁时父母去世了，12岁他开始了全新的生活，16岁他当上了一家餐厅的主厨，18岁他结了婚，有了个漂亮的妻子。过了一段时间他妻子怀了他的孩子，但在喜悦的同时他被餐厅炒了鱿鱼。但他从年轻时就没有放弃过理想，一直在为他的梦想拼搏着，他给他的朋友们说了他要赚很多钱，去帮助困难的人，让妻子、孩子过上好日子。但他的朋友却说：你别想了，这是不可能的，你还是等下辈子再做梦吧！他并没有因为别人这么说而放弃，而是一直拼搏着，终于他的坚持为他赢得了自己事业。他就是肯德基的创始人——哈兰·山德士。

男人的青春需要用汗水去灌溉，用行动去解释；男人的成功需要用拼搏去交换，用激情去超越。有人说过，平庸的男人，常把平地当高山；拼搏的男人，却常把高山当平地。

聂卫平是我国著名的围棋大师，他在一次中日围棋擂台赛上，三番出场，九战九胜，何其不易！在六个多小时的角逐中，他一口饭也没吃，因体力消耗

过大,曾两次输氧,靠着这种顽强的拼搏精神,终于打败了日本棋圣藤泽秀行,为祖国再次争得了荣誉。

古今成大器的男人,无不是在拼搏中奋发而一鸣惊人,拼搏锻炼着一个男人的意志和心境。优胜劣汰是自然界的生存法则,有能力的男人崭露头角,无能力的男人则埋没于历史。胸怀大志的男人常这样勉励自己:天将降大任于斯人也,必先苦其心志,劳其筋骨,饿其体肤……并将其作为人生的座右铭,告诫自己一直拼搏下去!

每一次失败后的挣扎,每一次成功后的喜悦,仿佛昼夜交替、日月轮回,每个涉世之初的男人行走的道路都不会是平坦的,每个年轻男人的前进路上都充满了艰辛和磨难。面对着许许多多的坎坷,不同的人却有不同的选择。然而,面对眼前的荆棘遍野,还是要鼓起勇气对自己说:"成功的背后是拼搏,挣扎的背后孕育着收获"。

男人二十多岁处世时如逆水行舟,不进则退,别指望四平八稳就能保持现状;相反,你已经在不断后退了。只有与时光赛跑,不断拼搏,才不会被别人甩在后头。男人的一生如一张有去无回的单程车票,它没有彩排,每一刻都是现场直播,把握好每一次演出,拼尽全力,便是最好的珍惜,才能如愿完成所有剧目。

生活,品甜酒的同时也要尝苦酒。命运,有顺境也有逆境。当你在坎坷中徘徊,吞咽着苦涩的时候,别忘了要拼搏,只有不停地拼搏,才能在普通中显示特殊,于平凡中显示伟大。未来的生活对年轻的你而言,是一场美梦,如喷薄的朝阳,能激起你的万丈豪情!而拼搏就是你的燃料,是你的指南针,是你眼中放射出的闪烁光芒。

为了成功,你要努力拼搏;为了成功,你要勤能补拙;为了成功,你要有远大的理想、准确的目标和坚定的信念。坚持不懈地拼搏,超越目标,实现理想,只要你做到了,就会看到成功彼岸的探照灯。男人年轻时勇于拼搏,则所向披靡,愿你永远孜孜以求、知难而进,铸造一个男人强大的形象。

男人有雄心，英雄由心创造

雄心有多大，你的舞台就有多大；雄心有多大，你就能走多远。

古谚语说：每个人的心中都隐伏着一头雄狮。的确，二十几岁的男人拥有一颗奔腾不息的雄心，才能培育出一个永无止息的动力源泉，从而提醒你去拼搏，指引你去奋斗；每时每刻让你与众不同，让你充满激情地工作和生活；赐予你无穷无尽的力量，让你感受生命的召唤；引燃你希望的烛光，让你在黑夜中不会迷失方向。

年轻的男人有雄心，就拥有无限活力，能不断努力，敢为天下先，才能收获成功。男人，应该永远深藏一颗壮志雄心，乘着雄心的翅膀，去追寻你的梦想，缔造你的未来！即使你因路途艰辛而身心疲惫，但如果你深藏着雄心，生命就会充满勃勃生机。男人的雄心，能集中你所有的力量和资源将你的愿望转化为坚定的信念和明确的目标，带领你到达成功的彼岸。

周恩来年少时，跟随伯父到东北奉天，在铁岭银岗书院读了半年书后，转入奉天关东模范学堂。一次，老师提出"为什么读书"的问题，让同学们回答。有的说"为了明礼而读书"，有的说"为了光宗耀祖而读书"，甚至有的说"为了帮助父亲记账而读书"，引起哄堂大笑。当老师问到周恩来时，他站起来响亮而严肃地说："为中华之崛起而读书。"堂堂一句话，表达了年轻的周恩来要为祖国独立富强而发愤学习的雄心壮志。

而后，在东关模范学堂举行建校两周年纪念会上，年轻的他挥笔写了一篇《东关模范学校第二周年纪念日感言》的作文。他写道：学生读书应以担负"国家将来艰巨之责任"为己任。后来，周恩来转到天津南开中学读书。他和同学们发起组织"敬业乐群会"。在会刊《敬业》上，他发表了许多诗篇和文章，抒发了他忧国忧民和发愤图强的情怀，显现了他立志革命到底的雄心。

在周恩来远涉重洋到日本留学前，他赠给同学一首诗：大江歌罢掉头东，邃密群科济世穷。面壁十年图破壁，难酬蹈海亦英雄。表示他决心钻研社会科

学，挽救国家危亡，以古人那种"面壁十年"的刻苦精神，来改造当时的社会，即使壮志难酬，蹈海而死，也无愧为中华儿女的气魄和雄心。

这才是男人有雄心的典范，在那个充满危难的年代，为中华民族的崛起而奋斗是个多么艰辛漫长而任重道远的过程，但正因为这滔滔的雄心才成就了中华民族如今的伟大复兴。

二十多岁的男人如果没有远大的抱负，没有雄心壮志，就会像迷失方向的孤舟，在生活的海洋中随波逐流、浑浑噩噩，到头来只会是一事无成，"白了少年头，空悲切"。"生当作人杰，死亦为鬼雄"才是男人的追求，年轻的男人应该满怀豪情壮志，并矢志不逾地追求，力争成就一番伟业。雄心正是追求成功的支持力。狄斯累利所说："机遇不造人，是人创造机遇。"如果男人没有追逐梦想和实现理想的激情和雄心，人生就会平淡无奇。

古往今来，成大事的男人没有一个是缺乏雄心的懦夫之辈。秦皇汉武，唐宗宋祖，无论是历史典故还是他们遗留的著作都体现了不凡的天之骄子所拥有的雄心。李白在《将进酒》中写道："天生我材必有用，千金散尽还复来。"这是何等的雄心！正是因为李白有如此心胸，才写出了诸多流芳百世、激情昂扬的诗作，赢得"诗仙"圣名，即使面对逆境，面对人生中的不如意，李白仍能凭一颗雄心笑傲天下。有的男人一帆风顺时慷慨陈词、意气风发、雄心百倍，但一遇到逆境便萎靡不振，如霜打的茄子一般。须知在逆境中，应该"手提智慧剑，身披忍辱甲"，这时候更需要雄心，更需要励精图治。

能够成就大事业的男人，永远是那些年轻时就有雄心的男人，敢于想人之不敢想，敢为天下先，勇敢而有创造力。英雄豪杰与碌碌无为的男人之所以不同，是因为其在年轻时有远大的理想、崇高的目标、宏大的志向、强大的雄心，昂首阔步，永远向前、向上，不屈地坚持着发散自己的生命力，从而创造出无限的伟大奇迹来。二十多岁的男人只要有雄心，就一定能绽放英雄的光芒！

男人要相信，你完全可以做得更好

一个有崇高目标、期望成就大业的男人，总是不停地超越自我，拓宽思路，扩充知识，敞开生活之门，希望比周围的人走得更远。

如果你现在在一个平庸的职位上可以得到不错的待遇，并因此缺乏向更高职位努力的动力，那说明你的进取心开始消磨了。其实，你有能力做得更好，甚至有能力自己创业。对二十几岁的男人来说，自信是一切成就的基础。

在职场上，如果你认为自己做得很好，可以站稳脚跟了，别人也这么告诉你，那你应该听听这番话：其实你的薪水不算多，你要是不想争取更多，恐怕就连这点薪水也不能保住。现在的社会就像逆水行舟，不进则退，不做得更好，就会做得更差，甚至有的时候是慢进也退，你已经做得比较好了但还是会被淘汰。你知道有多少人在盯着你吗，那些能够做得更好的男人，正等着把你挤下去。只有更好没有最好，你要想生存就得拼命把工作做到自己能力的极致。

一天，一位企业家为一群商学院的学生讲课。他现场做了演示，给学生们留下终生难以磨灭的印象。

站在那些高智商、高学历的学生面前，他说："我们来做个小测验。"他拿出一个1加仑的广口瓶放在他面前的桌上。随后，他取出一堆拳头大小的石块，仔细地一块块放进玻璃瓶里。直到石块高出瓶口，再也放不下了，他问道："瓶子满了吗？"所有学生应道："满了。"企业家反问："真的？"

他伸手从桌下拿出一桶砾石，倒了一些进去，去敲击玻璃瓶壁使砾石填满下面石块的间隙。"现在瓶子满了吗？"他第二次问。但这一次学生有些明白了，"可能还没有"，一位学生应道。"很好！"专家说。

他伸手从桌下拿出一桶沙子，开始慢慢倒进玻璃瓶。沙子填满了石块和砾石的所有间隙。他又一次问学生："瓶子满了吗？""没满！"学生们大声说。他再一次说："很好。"

然后，他拿过一壶水倒进玻璃瓶直到水面与瓶口持平。接下来企业家发问："你们明白了什么道理吗？"同学们纷纷发言，最后，他笑着说道："你们的看法也是对的，但我认为这个演示说明的意思是，哪怕你的工作做得再好，但只要你继续努力的话，你完全可以做得更好！"

刚有点小成绩就浅尝辄止、安于现状、不思进取的男人是不会做出什么大成就的。一个有崇高目标、期望成就大业的男人，总是不停地超越自我，拓宽思路，扩充知识，敞开生活之门，希望比周围的人走得更远。他有足够坚强的意志，激励自己做出更大的努力，争取最好的结果。

作为一个职员，如果你想迅速获得提升，就找一些同事们"啃不动"的工作，去努力完成它。做好了，就容易超越那些资历比你高的职员。如果一个男人做事总是精益求精，总是让别人惊喜，上司自然会注意到他，必要时自然会把他提拔到重要的位置。没有一个上司不喜欢有上进心的下属，他们也在随时观察员工们的表现，你必须把经验、学识、智慧和创造力发挥得淋漓尽致，争取达到惊人的效果，为自己的发展创造条件，所以你没有理由不做得更好。

Google中国区总裁李开复在攻读博士学位时，通过自己的努力，把语音识别系统的识别率从以前的40%提高到了80%，学术界对他的工作给予了充分的肯定。当时，他的老师认为，只要把已有的结果加工好，写好论文，几个月之内他就可以拿到博士学位了。

但是，李开复很清楚，第一步的成功给他提供的只是一个机遇，而不是一个答案，因为80%的识别率虽然已经很优秀了，却绝不是最后的最佳结果，因为他用的方法只是冰山一角。而且，他已经公开发表了研究成果，每一个研究机构都会学习、使用他的方法，所以，如果李开复当时放松下来，不再做实验，埋头写论文以求尽快毕业的话，别的学校或公司很快就会超过他。

所以，李开复不但没有放松，反而更加抓紧时间研究攻关，甚至为此推迟了他的论文答辩时间。那时候，他每周要工作7天，每天工作16个小时。这些努力没有白费，它们让李开复的语音识别系统百尺竿头更进一步，识别率从

80%提高到了96%。在李开复毕业之后，这个系统多年蝉联全美语音识别系统评比的冠军。如果李开复当时在80%的水平上止步不前，骄傲自满而不去精益求精完善它，他就不能取得今天的辉煌。

曹景行，著名电视评论员，曾任《亚洲周刊》副总编辑、《明报》主笔、《中天新闻频道》总编辑。1998年加入凤凰卫视，其开创的《时事开讲》栏目，获《中国电视节目榜》"最佳新闻类节目"，现任凤凰资讯台副台长兼言论部总监。激烈的媒介竞争使曹景行有"资料饥渴症"，每天的看报量要达20份左右，有北京青年报、新民晚报，以及港、澳、台、深圳甚至是美国、英国等其他国家的报纸。每天"狂吃"的不但有报纸，还有新发行的杂志，而且边看边听电视。还要上网，去捕捉最新动态和突发事件。经常要立即选题、改题和定题，往往是边看边想。常常是为了20分钟的节目，背后要花七八个小时的努力去准备。

曹景行最怕的是休假和出差。一出差，就看不到港、台报纸，信息量受到限制，等回去工作了心里就没底。为了保证新闻思维的连续性，就要立即补看落下的报刊、资料。曹景行虽然已经是业界公认的大师级人物，但他深知传媒领域"快鱼吃慢鱼"的道理，所以一把年纪了仍然孜孜不倦地工作着，就为了把工作做得更好。

第 2 章

男人提升格局，要先有仁爱之心

"人之初，性本善"，这是老祖宗留下来的古训，我们生活中的每一个男人，在致力于提升自己格局之前，都要有仁爱之心、慈悲之心，更简单一点地说，是"奉献于社会，奉献于人类"。作为男人，当然，你还需要将这种爱贯彻到生活中的方方面面，而不是挂在嘴边，要以仁爱之心去爱人，去奉献社会。

男人要厚道，用真心对待人生

厚道是男人经得起考验的高尚品格。在男人的人生路上，有厚道相伴，便有正义相随，有知交相处，便有情意相投。

有一种男人，他年轻时也许没有帅气的外表和优雅的举止，却深藏着吸引人的气质。这种气质需要用情感去发现，用心灵去感受，这就是做人厚道的品质。

"厚道"一词没有特定的含义，而是内在精神的体现。厚道没有具体形式，是男人对生命的一种实实在在的解释。如果把男人的美德分为显性和隐性，那厚道具有隐性特征。厚道表现在做人上，则能宽厚待人、以诚示人、赤胆为人。厚道是男人的立身之本、处世之道、待人之术，是以心换心、以情换情，是阳关大道、人间正道的指南针，是男人性情中的真善美的部分。

厚道的男人往往把名节看作泰山，把信义看作准绳，把忠诚看作标志。厚道的男人，有"君子一言，驷马难追"的气节，有"宁可天下人负我，不可我负天下人"的做派和堂堂正正做人的风范。厚道的男人不会算计、欺骗和出卖朋友，与厚道的男人打交道，如在笼罩着白茫茫月光的湖面上泛舟，让人感觉宁静、温馨。

在一次有着"恐怖者"之称的埃里克·莫拉莱斯挑战号称"斗牛士"的查维斯的拳击比赛上，戏剧性的场面在第二回合出现了。莫拉莱斯以迅雷不及掩耳的组合拳，两次将"斗牛士"查维斯击倒在地，致使查维斯的右臂严重受伤。若按拳击规则或一般拳手的做法，查维斯可以叫停，放弃比赛，然后点清赞助商给的钞票，体面地离开赛场。这种情况，在拳击比赛中经常出现，观众们早已司空见惯。

然而，查维斯却选择了继续战斗！在其后的回合中，他挥舞着左手，独臂作战，打得异常顽强、惨烈。他的表现，受到了观众的赞赏。但查维斯的对手莫拉莱斯的表现，既出人意料，又令人感动。当年轻的他发现查维斯右臂失去战斗力的时候，就彻底撇开查维斯的右侧，而只攻击查维斯的左脸和左肋。

莫拉莱斯没有乘人之危攻击查维斯的弱点，在这充满血腥味的拳击台上，展示的不仅仅是他的拳击技术，更重要的，还有他的优秀品质。如果说，查维斯所表现出的是一种男人的勇武精神，那么，年轻的莫拉莱斯所表现出的就是一种厚道的男性人格，是一种可贵的人性美。

厚道不代表男人懦弱、无能，而是一种男人的气度、雅量。缺少厚道的男人，才会上演鸿门宴、莫须有、卖友求荣之类的骗局，才会缺少信任，缺少融洽，缺少和谐，缺少坦诚与真爱。

波兰一位年轻的医生海尔曼就是一个厚道的男人。一天夜里，海尔曼的诊所被一个小偷撬开。慌忙中，小偷不慎摔断了大腿骨，想跑也跑不了。这时，海尔曼和助手从楼上下来，助手说："打电话让警察把他带走吧！""不，在我的诊所，病人不能这样出去！"海尔曼连夜给他做了手术，并打上石膏绷带。所有治疗工作完成后，海尔曼将小偷交给警察。助手问："他偷了您的财物，您怎么还如此给他治疗呢？"海尔曼回答说："救死扶伤是医生的天职。"

在海尔曼眼里，小偷在没有摔伤前是一个盗贼，是令人憎恨的。但他受伤之后，就变成了一个需要治疗的病人。在医生眼里，只有病人，没有其他。哪怕他在几秒钟前还对自己产生过威胁，偷盗了自己的财物。海尔曼的行为，既忠实地履行了一个医生的职责，也反映出他高尚而厚道的人格魅力。

厚道是男人涉世之初交往的基石，是别人经过回味的赞赏，不在于一时一事。厚道的男人让人信赖，让人踏实，让人熨帖，让人感动。厚道的男人，可

作为朋友，作为知己，作为领导。厚道的男人能沉得住气，虽然厚道的男人不一定得到厚道的回报，但为人厚道，就在于不图回报。

厚道的男人心地单纯，能化复杂的人生为简单的处世；厚道的男人心胸宽广，能化恩怨干戈为真情玉帛；厚道的男人心存善良、心向美好，少栽刺，多栽花。厚道的男人如参天大树，能给人遮挡暑热；如坚实舞台，演绎人生生旦净末丑；如母亲怀抱，让人安定温暖；如宽广大海，有容乃大。

厚道的男人年轻时如河水深层的劲流，虽有力量，但表面却不起波浪；如一股甘泉，滋润着我们的心灵，教导周围的人做人处事的方法，有付出却不求回报。厚道是男人年轻时追求的品质，以不求功名，不求方法，只愿载众人善良之心做人，方能陶冶自身风范，尽享做人之本！

男人要用仁爱之心扶危济困

同情是善良的心所启发的一种情感之反映，是男人的仁爱之心的一种表现形式。

用仁爱之心援救身处危难之际的人，要救其所难，帮其所需。这是男人的魅力，也是男人的责任。

在纽约有这样一则感人的故事。

那是个寒冷的冬天，一个10岁左右的男孩在百老汇一家鞋店面前，光着脚隔着玻璃窗往里看，全身颤抖着。一位女士见状走过来问道："小家伙，你为什么看得这么认真？"男孩说："我曾经请求上帝赐给我一双鞋子。"女士二话没说，牵起他的手走进鞋店，她让店员拿来半打袜子和一双鞋子，又要了一盆热水和一条毛巾。然后，脱下手套，跪下，将男孩的脚放进热水里擦洗，再用毛巾擦干，穿上袜子和鞋子。接下来把剩下的几双袜子交给男孩，拍着他的头说："我的小家伙，你现在感觉舒服吗？"她正要转身离去，小男孩崇敬和感激地拉住她的手，泪眼汪汪地问她："你是上帝的妻子吗？"

可以想象，当女士听到男孩问话的一瞬间的幸福和满足，这便是仁爱之心的最大回报。扶危济困本身就是一种极大的享受。

仁爱是儒家基本的道德原则与道德规范之一，也是男人崇尚的一种做人的境界。《礼记·礼运》把理想社会描述为："天下为家，各亲其亲，各子其子"，"城郭沟池以为固，礼义以为纪，以正君臣，以笃父子，以睦兄弟，以和夫妇，以设制度，以立田里……是谓小康。""天下为公。选贤与能，讲信修睦。……使老有所终，壮有所用，幼有所长。……谋闭而不兴，盗窃乱贼而不作，故外户而不闭，是谓大同"。这是对"小康""大同"理想社会较为系统的描述，是对先秦以来，诸子百家所提出的理想社会的高度概括、诠释和完整表述。孔子构想的人类"大同"的理想蓝图，是社会美的集中体现，其全部内容无一不是以"仁者爱人"、对人类的终极关怀为宗旨的。孔子的社会美学论是丰富多彩的，他是以"仁"为主导，即以伦理道德作为标准去判断、构建社会之美的。

孔子的社会美学思想是以仁学为基础的，仁的思想贯穿、渗透于孔子社会美学思想的诸多方面。

孟子则提出："亲亲而仁民，仁民而爱物。"他指出，人之"所以异于禽兽者"，就在于人有"不忍之心""恻隐之心"。所谓同情、恻隐之心，是指当他人有困难或遭遇不幸时，自己内心所产生出一种不好受、怜悯与同情，进而想在道义上或物质上帮助他人解决困难的感受。

同情、恻隐之心是人的一种自然的情感，法国哲学家孟德斯鸠说："同情是善良的心所启发的一种情感之反映。"他人快乐自己亦快乐，他人悲伤自己也悲伤，这就是"感人之所感"，所以，同情、恻隐之心实际上是人与人之间的一种互动的"心灵感应"与"心灵慰藉"。

诸子把维护社会公共利益与公共安全作为自己的道德责任和价值取向，孔子提倡为天下排纷解难，要做"博施于民而能济众"的"圣人"。儒家的"修

身、齐家、治国、平天下""立德、立功、立言""达则兼济天下"等观念，都表现了对社会公共利益、公共秩序、公共安全与公众生活的关注与责任感。墨子则把"兴天下之利，除天下之害"作为自己的崇高道德责任，他主张"非攻"，就是反对当时的非正义的战争，这是维护社会公共利益、公共秩序和公共安全的具体体现。

仁爱思想所体现的人文精神，也是现代社会所不可或缺的，是对人类在追求现代化的过程中所导致的自我"异化"的纠正。人类在发展物质文明的过程中出现了为物所累的自我异化现象，人已不再是主体，人被物所奴役，成为物质、金钱的奴隶。而孔子仁者爱人思想所体现的对人的尊重、爱惜，对人的主体意识的肯定和主体精神的确立，这无疑是具有积极意义的。在当今时代，仁爱思想的道德准则与规范，对二十几岁的男人来说依然具有重要的借鉴价值。

男人要呵护她，学会欣赏另一半

一个男子可以穷困潦倒到没有一个女孩子愿意嫁给他，但是不可以从不被欣赏，或是从来不曾欣赏过他人。

成功的男人，不仅仅是事业有成，更是要有美满幸福的家庭。呵护你人生的伴侣，是男人的责任。哲人说，男人爱她，就要学会欣赏她，而不是把她牢牢地攥在手里。也有人说，男女之间最重要的不是相爱，而是互相欣赏。

一个男人曾经对一个女孩说："今生你可以遇上许多爱你的人，但也许你再也不会遇见一个比我更懂得欣赏你的人了。"

欣赏是一种更高层次的爱。大多数的爱，都是以占有为目的的。而欣赏，已不在乎是否能够占有。男女一进入彼此欣赏的境界，那种相爱就达到了美的极致，就都不忍心败坏它。所以有人说，不要跟你最爱的人结婚，说的就是进入了这种境界之后的某种朦胧的感觉，并非完全是在发烧说胡话。而男女一旦

进入彼此欣赏的境界,倘若还要进一步地走近、结合,往往就能造就出爱的最大愉悦。

大多数的男女,也是在两情相悦的情形下结合的,但是硬要说是进入了彼此欣赏的境界,恐怕多半只是自欺而已。

一个女子在一篇文章里写道:一次和准男友去喝咖啡,结账时她说:让我来付款。男的连声说"不行不行",接着就是一通男的就该付账的大道理。这个女子接着写道:我很想告诉他我并不认为男人付账才有风度而女人付款就无自尊。我很想告诉他,有时付款也是一种乐趣和洒脱。然而我什么也没说,我知道,他欣赏不了一份快乐和洒脱。

欣赏是一种远离世俗观念的眼光,不在乎是不是有人认同或产生共鸣。懂得欣赏的男人必定是有情调的男人,他能从在别人看来索然无味的言谈举止里咀嚼出一种叫作"味道"的东西。当女孩走近柜台为他们的早餐付账时,他不会想到抢着付账来显示男人的风度,而是安静地坐着,从女孩轻盈的脚步中,欣赏女孩内心的那一份快乐;他会满心欢喜地倾听女友在电话那头的只言片语,或是恶作剧地弄出各种古怪的声音,感受那当中蕴蓄的一份美丽的牵挂;他像欣赏名家的字画一样欣赏女友的涂鸦之作,品味到名家的字画里所没有的一份温馨与熨帖。至于那种把女友的涂鸦之作当成一份公司的文件塞进抽屉里的男人,我们也没有必要去苛求他们——那种男人还根本不懂得欣赏。

一个男子可以穷困潦倒到没有一个女孩子愿意嫁给他,但是不可以从不被欣赏,或是从来不曾欣赏过他人——因为,有一个女子说过这样一句话:"只要你能欣赏这世界一半的另一半,你就会毫无保留地拥抱一个完整的世界。"

其实,爱是一种艺术。要学会这种艺术,还要学会欣赏艺术。

男人和女人之间最重要的是欣赏。只有彼此欣赏才能够互相理解,才能够产生爱情。

有一百个人读《哈姆雷特》,就有一百个哈姆雷特。和读文学作品一样,不同的人对同一个人的看法是不会相同的。要学会欣赏,有自己的见地。如果

你懂得欣赏，很多事情都会给你带来意想不到的感受。

譬如，女人的啰唆、唠叨，如果懂得欣赏就不会埋怨和厌烦，而会在其中体会到真情与关爱。有的男人说忍受不了女人的肤浅，其实是他不会欣赏那浅浅淡淡的真实。有的男人说看不惯女人的浮躁，其实是他不会欣赏女人热情似火的娇艳……

又如，男人不爱做家务，如果女人不懂得欣赏就会埋怨男人懒惰，而懂得欣赏就会体会到男人胸怀的宽广。他们不是因为懒惰而不做家务，而是把精力放在了如何改善生活而使两个人都无须做家务上……

在婚姻生活中更需要彼此间的欣赏，这样婚姻才能够美好。这种欣赏不仅意味着欣赏对方的优点，还要包容对方的不足。在朝夕相处的生活中，无论是优点还是缺点都尽显无遗。如若不能欣赏和理解，特别是对缺点的包容，就容易产生分歧，让相爱的两个人对爱情产生怀疑，对婚姻造成不利影响。欣赏是相爱的前提，不会欣赏就不会拥有真正的爱情。而欣赏也不应有固定的模式。饭后的AA制并不会说明男人有失风度，女人的独立更是应该值得我们欣赏和赞同的。只有能够欣赏，你才能够看到世界的另一半，你才能够理解，才能毫无保留地拥有一个完整的世界。只有能够欣赏，你才能平淡地面对一切得失，才能在平淡的生活中体会爱的浪漫，才能够拥有天长地久的爱情。要想拥有爱情，就先从学会欣赏开始吧。

男人坦坦荡荡，是一件乐事

坦荡的男人才能真正做到心如止水，静如处子，不为名利所惑，堂堂正正、清清白白做人，"不做亏心事，不怕鬼敲门"，才能不去奢求不属于自己的东西。

男人要坦荡，俗话说，"君子坦荡荡，小人常戚戚"，君子坦荡荡，是

第2章 男人提升格局，要先有仁爱之心

因为性情高洁，小人常戚戚，是因为小人心眼小。"坦坦荡荡"语出《易经》"履道坦坦"与《尚书》"王道荡荡"之意。意思是说为了平安吉祥，要行于坦途；从政治世，要无偏私、无党伐。雍正、乾隆把这一思想寄喻于鱼，凿池观鱼乐，坦坦复荡荡，标榜他们忧心众庶，蒿目时艰，知民之乐和与民同乐。

圆明园中有一景名叫"坦坦荡荡"，它的原名叫"金鱼池"，坐落在后湖西岸的小岛上。这个岛上有个仿杭州的"玉泉观鱼"景区那样的巨大矩形观鱼池，池中放养大小金鱼和鲤鱼数千尾，回环游泳，悠然自得。乾隆皇帝在园中驻跸期间，每天必须到此观鱼和喂鱼。

乾隆皇帝曾经赋诗一首，赞曰：

凿池观鱼乐，坦坦复荡荡。

泳游同一适，奚必江湖想。

却笑蒙庄痴，尔我辨是非。

有问如何答，鱼乐鱼自知。

"鱼乐"的意境出于《庄子》，在中国古典园林造景中常被采用。其意在表现人的胸怀坦荡，怡然自乐；不但自乐，而且达到与花鸟、山川同乐的境界。这是由实入虚，升华为心灵的乐。这种乐不是物欲满足的乐，而是一种灵性的乐。它既是从大自然中产生出来，又借大自然寄托、抒发、表现自我的灵性。这种乐的境界，不是人人皆可以得到的，热衷于权势、利欲的人，即使面对超逸的美景，也不会产生出这种意境。只有超出利欲，才能向外发现大自然的灵性，向内发现自我的深情，使境与神会。这种精神上的解放，看到了宇宙和人生的和谐之美，体味到了它深沉的境界。

男人做人也是同样的道理。什么样的男人，决定了他做什么样的事。不一样的男人去做同样的事，所产生的结果也是千差万别的。

一个光明磊落、心襟坦荡的男人，他的言行及做事的方式也一定是开诚布公、无须遮掩的。因而他的心里也就总是踏踏实实、轻轻松松，也就会时刻开开心心、快快乐乐。

如果一个男人总想图谋不轨，总是想动一些歪心眼、打一些歪主意，那么他就总是疑神疑鬼、坐卧不宁，会惶惶不可终日，甚至睡觉的时候都会常常被噩梦惊醒。长此以往，身心必将受到摧残。

何厚铧虽是澳门的最高行政长官，但又是生活在澳门百姓中的普通人。何厚铧"坦坦荡荡做人，实实在在做事"的作风，获得民间的广泛赞扬，许多人亲切地称他"铧哥"。

2005年，在澳门的一项民意调查中，特首何厚铧的支持率高达70%以上。7月初，何厚铧会见采访泛珠三角地区后到澳门的香港记者时，有记者问他对这么高的民众支持率有何评价时，何特首说："我始终相信一个行政长官，不可能因为他的一切而影响地方好坏。所以澳门好，肯定不是我的功劳，但我也不能说澳门不好，也绝对不是我的错。"他的谦虚与诚恳给在场的记者留下了深刻的印象。

近五年来，在澳门经济稳步增长的同时，何厚铧实实在在为澳门居民办了许多好事。其中之一便是，在澳门经济增长率持续上升、特区政府财政收入增加的前提下，2002年何厚铧提出多种税项的减免措施，以纾解民困及加强商铺的竞争力。减税措施使特区政府该年度税收减少了2.5元，但却使广大澳门市民直接受惠，提高了居民的消费意愿，通货紧缩得到有效的控制，使澳门整体经济开始复苏。

"岂能尽如人意，但求无愧我心"，悬挂在何厚铧办公室里的这幅醒目的字，便是何厚铧担任特首五年来心迹的真实写照！

其实，生活中的每一件小事都会在我们心中沉积下或多或少的东西，它会在今后的某一时刻成为指引我们行为的航标，从而不会使我们变为一个不仁不义、心怀叵测、心灵晦冥的男人。那些看似不起眼的小事，许多时候正是男人人性与品格最初的铺垫，它会告诉你怎样才能获得一份心灵的轻松与愉悦，也会让你懂得，坦坦荡荡地做人、做事，真的是件很幸福的事情。

哲人告诫男人，坦荡人生，就是让自己心灵免受愧疚的折磨，免遭噩梦的缠绕，不论白天还是黑夜都能恬然安静、舒适自在，达到"不思声色，不思胜负，不思荣辱，心无烦恼，形无劳倦"的坦然境界，泰戈尔有一句诗："天空不留下鸟的痕迹，但我已飞过。"这是对坦荡的最好诠释。

男人不必自怨自艾，只要心是美丽的、踏实的、安然的、干净的、无愧的，就算是吃着粗茶淡饭，穿着粗布滥衫，住着茅屋草舍，生命也是高贵的。比起那些夜不安寝、食不甘味、坐卧不宁、缺少坦荡情怀的人来，能美美地睡、能香香地吃、能甜甜地笑，简朴、简练、简洁、健康、安逸、自由，又何尝不是幸福的人生呢？

坦荡的男人才能真正做到心如止水、静如处子，不为名利所惑，堂堂正正、清清白白做人，"不做亏心事，不怕鬼敲门"，才能不去奢求不属于自己的东西。坦荡人生就是保持快乐的心境，坦然面对一切挑战。人生的旅途不会一帆风顺，那么我们就应努力跋涉，奋勇攀登，埋头于追求的脚步当中，乐观地接受胜与败、荣与辱。这也正是坦荡的男人所秉持的人生态度。

男人要心细，细节成就未来

胆大成就大事，心细成就完美。

二十多岁的男人要成大事，就要以胆大为基础。凡事冷静、沉着地处理，在做任何事情时都要心细，因为心细常常会发现牵连大局的关键，所谓"千里之堤，溃于蚁穴"，可见心细是不可忽视的，所以说，男人做人做事要胆大心细。

生活中有的男人涉世之初往往会因为心不细而错失了一次次成功的机会，而那些心细的男人，却在不经意间获得成功。老子说："天下难事，必做于易；天下大事，必做于细"，此语阐述了心细的重要性。它告诉男人：想成大事，就必须从心细，从点点滴滴中寻找制胜之路，正如"海不择细流，故能成

其大,山不拒细壤,故能就其高"。

男人做人心细才有回报。心细是一种创造,心细是一种动力,心细是一种修养,心细深含做人艺术,心细隐藏致富商机,心细凝结做事效率,心细产生经济效益,心细带来伟大成功。

美国伟大总统之一的林肯早年生活清贫,学生时代四处打工,后又做过几年邮递员,人长得也不好看。要参加总统竞选,没钱没貌,十分艰难。但林肯勤奋、智慧、幽默、心细。他在争取黑奴解放、反对种族歧视方面创建了功不可没的伟业。一次大型演讲会,某位妇女抨击人貌。林肯心细地感到她在讽刺自己,他真挚地说:"上帝不公平,给了我一张难看的脸,让人不喜欢它,但上帝又是公平的,给了我一个智慧的脑袋,你们会欣赏到它的美。"

这是林肯心细的触觉和细腻的情感世界在政治生涯中的巧运善用,为他日后活跃在政治舞台上,增添了不少色彩。一个成功和伟大的男人,都不会拒绝去做一些在别人看来是很心细的小事。他们大公无私,以天下为己任。心细,是务实和脚踏实地的组成部分;心细,是男人豪放性格的精致外衣;心细,是融合和沟通男女世界的电阻导流;心细,更是促成男人事业成功和发展壮大的有力翅膀。

日本有位年轻的推销员,是个很心细的男人,不仅注意自己的说话方式和习惯,而且十分守时。他每次上门拜访顾客前都会提前五分钟到洗手间里,认真对着镜子大声说:我是最棒的、我是世界一流的、我是全世界最棒最伟大的、我的微笑是最迷人的,顾客很喜欢我……有一次,他去拜访一个老总,在该公司的洗手间里,他又开始对着镜子这样大声地说:我是最棒的……突然有个人走进来,那个人看到他投入的样子,两人善意地笑笑,相对无语。到了约见的时间,他准时走进老总办公室跟秘书说:"我跟你们董事长有约,下午两点见面,现在是一点五十九分五十九秒。"办公室的门打开了,推销员走进去,两个人一见,才发现原来是洗手间见过的那位。董事长跟他说:"先生,你今天来是介绍产品给我的吗?""是的,我现在跟你介绍……"董事长没有

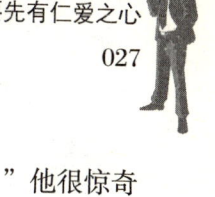

等他说下去就说:"不用介绍了,你今天卖的东西我全部买下来。"他很惊奇地说:"您都不知道我在卖什么东西呢?"董事长笑着说:"不用介绍了,你的细心我刚才都亲眼看到也感受到了。你这个人言行一致,你卖的产品不用介绍,你今天要卖的东西我全部买下来。"

心细能为男人带来很多成功。凡事心细,也许就是因为你一次善意的招呼、一次关怀的问候、一个迷人的微笑、一个坚守的执着……带来一次意外的成功。

二十多岁的男人想在社交中如鱼得水、游刃有余;想在事业上大显神通,开创辉煌;想魅力无限,引人注目;想活得潇洒,过得逍遥,都要心细。心细是指引你通往成功的探照灯。心细犹如庞大机器上的一个小零件,其体积也许微乎其微,但作用却是举足轻重、不容忽视。

男人的心细体现着人格情操和精神境界;标志着做人的品质和层次;诠释着独特的性格内涵;富含着深刻的哲理;凸显着真情实意……可见,心细是男人人生本质和品格的真实体现和点滴流露。

心细的二十多岁的男人精致得像瑞士手表,从每一个闪光的零件可以看出它的经典价值;完美得像古董,吹拂去那岁月沉积下来的灰尘,看到的是自然与风霜、巧夺天工的修饰。大凡有成就的男士,都不乏有秉性上的心细,是从年轻时一直有的品性。这样的男人考虑问题较一般人仔细、冷静。他们善于调控自己和别人的各种情绪,思维的触觉面和信息的搜索面大而广,敏锐敏感度超强。心细的二十多岁的男人,常以不惊之豁达成就大事。

第3章
男人说话有法，一口吃出个"天下"

男人拥有一副好口才能快速地在社会中拥有一席之地，会说话的男人，往往能给人以自信的感觉，并且拥有良好的环境适应能力，能通过自己的口才让人发现你、了解你；一个灵活拿捏各种说话技巧的男人颇有一种不可思议的力量，能凝聚人心，控制局面，进而开启通往成功的大门。

男人会说话，是能力的一种体现

涉世之初的男人会说话，是打开成功大门的金钥匙。

会说话是男人睿智、成功能力和良好生活态度的展示。当今世界竞争日益激烈，二十多岁的男人要在社会上立足，除了要拥有参与竞争、迎接挑战所必备的知识和技能外，得体的说话技巧、优秀的口才无疑会助你占据一个有利于发展的制高点，成为你迈向成功的砝码。

会说话的作用是全方位的。生活中，它能帮你开启与人谈天说地、交流感情、拉近距离的大门，从而发展天长地久的友谊，赢得忠贞不渝的爱情；当你与他人关系出现瑕疵时，它是修复伤痕、治愈心灵的疗伤神药。正如埃及谚语所说"有口才才使你雄辩滔滔，占尽上风。"

在抗日战争胜利后，张大千从上海返回四川老家。临行前好友设宴为他钱行，并特邀梅兰芳等人作陪。宴会刚开始，张大千被众人邀请到上座入席。张大千风趣地说："梅先生是君子，应坐上座；我是小人，应陪末座。"梅兰芳和大伙都没听明白张大千的意思。接着张大千解释道："不是有句话讲'君子动口，小人动手'吗？梅先生唱戏动的是口，而我作画动的是手，我理该请梅先生坐上座。"众人听后都为张大千的幽默而大笑不止，并同时请两个人并排坐了上座。

著名画家张大千自称为"小人"，从表面看，似是在自贬，实则不然，乃是"醉翁之意不在酒"，这其实是对梅先生的尊重，表现了张大千的虚怀若谷和谦虚美德，又营造了宽松和谐的交谈氛围。可见，男人要会说话，尤其是在

第3章 男人说话有法，一口吃出个"天下"

人际交往中，一句幽默而得体的话语往往能创造意想不到的契机，渐而起到事半功倍的效果。

是否会说话一直是决定男人生活质量高低及事业优劣成败的重要因素。男人每天的喜怒哀乐往往由其言语来决定，一生成败于会说话的男人很多。口才好会被人赏识，既有才干又兼备口才的男人成功的希望更大，因为你的才干完全可以通过言语谈吐充分地表露出来，使他人能更深入地了解你、重视你，把重任托付于你。

会说话的男人颇有一种不可思议的力量，能缓解周围紧张的气氛，为人送上丝丝轻松。会说话的男人，能流利表达出自己的意图，把观念阐述得条理分明，使别人心悦诚服地接受。同时，还能在对话中探知对方的意图，增进彼此的了解以建立良好的友谊。不会说话的男人，常因不能完整表达自己的初衷，使对方费神而不能信服。

美国的一位化学家路易斯，曾于1916年在一篇论文中首次提出了"共价键"的电子理论。该理论对有机化学的发展意义非凡。可是这一理论发表后，在美国化学界并未引起该有的反响。其中一个重要的原因便是路易斯不善言谈，从未公开发表演说，以宣传自己的见解。

三年后，另一个著名的美国化学家朗缪尔发现了路易斯难能可贵的见解。于是，朗缪尔接二连三地在影响力颇大的美国化学会会志等刊物上发表演讲，着力宣传"共价键"。由于朗缪尔能言善变，对"共价键"做了大量宣传阐释工作，使得这一理论被美国化学界所承认和接受。一时间，美国化学界纷纷议论朗缪尔的"共价键"，却几乎把这理论的首创者路易斯忘却了，很多人甚至把它称作朗缪尔理论。

男人会说话，拥有滔滔不绝的口才，总能很愉快地成就很多事情，使周围的人不知不觉折服于其能力之下。因为他们懂得"到什么山唱什么歌，见什么人说什么话"；他们能将自己的思想和见解动之以情、晓之以理地表述出来，使人如沐春风。二十多岁的男人握有了不起的口才，方能抓住机遇、逢凶化

吉、转危为安、左右逢源、如鱼得水、处处顺行畅通无阻。

男人在年少时，无论选择何种生活方式，实现哪种目标，都不可避免地要与他人交往、沟通和相处。因此，会说话是男人能力的体现，也是生活中最基本、最重要的头等大事。会说话是男人跨越人生和事业成功的第一道壕沟，能灵活运用各类说话技巧，便拥有了打开成功之门的金钥匙。会说话的男人终将成长为无往不胜、顶天立地的卓越男人。

说话重诚信，男人言而有信是好汉

言必行、行必果，表现的是男人的为人态度和格调，是真汉子行走天下的行囊。

古人说：人无信不立。二十多岁的男人要踏实做人、拓展事业都离不开诚实守信，诚实守信是男人立家立业的基石，没有一种成就是建立在谎言和欺骗之上的。

"信"字，讲的是人在言谈中的诚实性，言由心生，表里一致。男人在言谈中要有诚信。心有诚意，口中说的话才让人信服；口出信语，做人则必慎行，从而让人信赖。正所谓：自尊者人恒尊之，自敬者人恒敬之，自信者人恒信之，这是人际交往的必然规律。

"杀猪教子"讲的正是说话言而有信的故事，男人从小就应该树立诚信做人的观念。一天，曾子的妻子要上街，她的小儿子哭闹着也要跟着去。妻子便哄儿子说："你回去等着我回来杀猪给你吃肉。"等她从街上回来，就看到曾子真的要杀猪，她急忙阻拦道："我是跟孩子说着玩，哄他的，你干吗当真呢。"曾子说："同小孩子是不能开这样的玩笑的。孩子年幼没有知识，处处会以父母为榜样，听从父母的教导。你今天欺骗他，就是教他骗人。做母亲的欺骗自己的孩子，那孩子就不会相信自己的母亲了。这不是教育孩子的好办

第3章 男人说话有法，一口吃出个"天下"

法！"于是，曾子杀了那头猪，煮了肉给孩子吃。

曾子在言谈中十分重视诚实守信，认为说话一定要算数。男人就应该做到"可言而不言，宁无言也""不能行而言之，诬也"。

说话诚信是作为男人的一个基本的道德规范。与人交谈，首先要保持诚信。当然，信字还包含同心相知、彼此信任的意思，也就是说，男人在彼此交往中要以诚信相待，不因偶然事件而动摇，不因时光流逝而褪色，这才称得上真正的诚信。

一次，曹操亲自统领大军去打仗。行军的路上，发现路边的麦子成熟了。原来百姓因为害怕士兵都不敢回来收麦子。于是曹操派人告诉村里人和各处看守边境的官吏，说："我奉皇上旨意，出兵讨伐叛逆的贼人，为民除害。现在正是麦子收割季节，凡经过麦田的人，只要有践踏麦田的，就斩首示众，说到做到。父老乡亲们请不要害怕。"

老百姓们开始都不信，只是躲在暗处观察军队的行动。他们看到经过麦田的官兵，都下马用手扶着麦秆，小心地蹚过麦田，没有一个敢践踏麦子的。曹操骑马正在走路，忽然，田野里有一只鸟惊叫着飞起来。曹操骑的马受了惊吓，一下子蹿入麦田中，践踏坏了一块麦田。曹操立即叫来随行的官员，治自己践踏麦田的罪行。官员说："怎么能给丞相治罪？"曹操说："我亲口说的话，我自己都不遵守，还有谁会遵守呢？一个不守信用的人，如何统领士兵呢？"随即抽出腰间的佩剑，想要自刎。众人连忙拦住。这时，大臣郭嘉走上前说："古书《春秋》上说，法不加于尊。丞相统领大军，重任在身，怎么能自杀呢？"

曹操沉思了许久，才说："既然古书《春秋》上有'法不加于尊'的说法，我又肩负着天子交给我的重要任务，那就暂且免去一死。但是我不能说话不算话，应该受罚。"于是，曹操用剑割断自己的头发，扔在地上，说："那么，我就割掉头发代替我的头吧。"接着他派人传令三军："丞相践踏麦田，本该斩首示众，现在割掉头发代替。"中国一直有"身体发肤受之父母"的古

训，因此，在当时看来曹操当众割头发就和掉脑袋一样。

曹操这一乱世之中的枭雄，虽然历史上对其评价褒贬不一，但他却在年少时凭借说话诚信而赢得了将士们的一致认可，留下了美名，从而成就了一方霸业。

说话是否诚信，对每个二十多岁的男人的生活、事业乃至闲暇娱乐都十分重要，言而有信的男人，处处都受人爱戴和欢迎。在生活中，他能与许多本不相识的陌路人共同进退；能与许多志趣各异、性格有别的人互相了解，彼此需要，共绘快乐；能够为他人排忧解难，消除误会与隔阂，共享美好生活。在工作及事业上，他能充分利用自己的语言交际能力来说服他人，使工作顺利进行，左右逢源。可以说，说话的自信心与言而有信是男人年少时追求成功事业的必备条件。

言而有信是好汉做人做事的风格，是君子一言、驷马难追。言而有信的男人才能信服于人，对自己说过的话，承诺过的事就应该尽力完成，力求言而有信。

说话有礼貌，男人风度翩翩的要义

说话有礼貌是男人难得的魅力和珍贵所在。

与人相处时，如何说话确实是一门艺术，值得二十几岁的年轻男人细细琢磨。当你需要向他人表达自己的思想或见解时，除了文字、肢体语言外，说话也是一种人际传达的工具。如果说话不当、不得体、不礼貌，非常容易在语言上伤害别人，造成人际交往中的不和谐。因此，如何说话、说话有礼貌都是不容忽视的。

年轻男人说话时的态度和语气极为重要，有的男人说起话来滔滔不绝，绝不容许他人插嘴，把大家都当成自己的听众；有的男人为了充分显示自己的能言善辩，总是喜欢用夸张的语气来说话，甚至夸大其词，危言耸听；有的男人以自己为中心，丝毫不顾他人的喜怒哀乐，所谈的话题全是显示自己。这样的男人常常给人以傲慢、放肆、自大、不尊重人的印象，这对个人的人际交往有百害而无一利。

我国古代的大将军岳飞就是这样一个说话有礼貌的男人，在《说岳全传》上的一段故事便说明了这点。

一天，牛皋向一位老者问路。只见他在马上吼道："嘿，老头儿！爷问你，小校场往哪去？"这位老人不但没给他指路，反而生气地骂他是个冒失鬼。过了一会儿，岳飞也来到这里。他先是离镫下马，然后上前对老人施礼道："请问老丈，方才可曾见一个骑黑马的？他往哪条路上去了？"老人见岳飞说话如此有礼貌，便耐心地给他指路。

这个故事正印证了一句俗话：礼到人心暖，无礼讨人嫌。老人正是有感于岳飞礼貌真诚的话语，才诚心为他指路。

二十几岁的男人在说话时，一定要有礼貌，用心与人沟通，不仅仅是能够侃侃而谈地发表自己的意见，更要学会以对方能接受的方式展开交谈。

涉世之初的男人说话时要说正派的、善良的、中肯的话，让他人知道你心里是怎样的想法，以减少沟通障碍，如若哗众取宠、举止轻慢、信口开河，则难以树立自身的形象。当你与多数人在一起时，也不可只与一两人谈话。当对方所述要求自己办不到或自己与他人意见相左时，若要拒绝或辩论，必须以委婉的态度说明原由，灵活、机智地转换话题，这容易幽默地推拒或弥补争端以缓和气氛，切莫语气严峻冷酷，毫无通融的余地，这容易令人难堪而反目成仇。

一天，歌德这位德国的伟大诗人在公园里漫步。当他走在一条只能允许一人通过的小道上时，对面走来了一个曾经对他的作品提出过激烈批评的评论家。这时评论家高声喊道："我从不给蠢货让路！"但歌德却笑着回答："而我却恰恰相反！"并让在一旁。

歌德在微笑中把"蠢货"的头衔还给了评论家，评论家却无言以对，只能笑纳。歌德这样礼貌而幽默的话语，不仅达到了反击的目的，而且显示了自己的风度和睿智，从而成就了一段千古佳话。

年轻男人与人谈话时，要讲正事、谈正题，不要偏离主题而进行自我宣传、自我夸大。在与他人交谈时，不要涉及对方难以回答或刻意回避的内容。在说话过程中主动寻求他人的优点，尽量避免谈及他人的缺点，并给予适当而诚恳的赞美，不可谈及他人的隐私，或探寻他人的私生活。谈话中，不能出现倦怠的神情，如打呵欠、屡屡看表、跺脚等，说话时要面带微笑、谦和有礼、态度亲切。言谈举止不可太过做作，故弄玄虚，这容易令人反感；亦不可言辞抽象，让人产生误解，语言表达要简洁明了。

当对方的话尚未结束时，不可强行打断抢说，如须先说，则要征得对方的谅解，插话时也要注意用词的礼貌，宜多用"抱歉""打扰了"等语句。男人在谈话时，要注意音调、速度适中，并应将内容说清楚、讲明白，不可贸然与人发生争执，以免产生烦恼。与人交往中要尽可能谈上几句话，如遇到有人想同自己谈话可主动与之交流，如谈话中遇到冷场，应设法使谈话有礼貌地继续下去。在谈话中如因故需退场，应向他人说明原因，并致歉，不要自顾自一走了之。

年轻男人在听别人谈话时要全神贯注，不可东张西望，或不耐烦，应当积极地表现出对他人谈话内容感兴趣；听别人谈话就应该让别人把话讲完，不要当他讲到兴头时打断他，如要对别人的谈话内容加以补充或发表个人看法，也要等到最后，如喜欢抢白和挑剔对方都是极不礼貌的。在聆听时积极反馈是种互动方式，适时地点头、微笑或偶尔重复对方谈论的要点、适度赞美都是必要的。

如要参加他人正在进行的对话，不要悄悄地凑过去旁听，应征得当事人同意才进行，一言不发或自吹自擂都会令人反感。

涉世之初的男人如果想建立自己儒雅而又风度翩翩的形象，帮助自己成功

地打开交际网络，建立良好而广泛的人脉，那么学习有礼貌地说话是其中的重中之重，能起到事半功倍的效果。

说话有条理，男人思维要清晰

说话有条理、有逻辑的男人才能成为人生之船上的稳重舵手。

每个男人都希望自己在人际交往中能谈笑风生，尤其是年轻的男人。谈笑自若的男人往往很容易开展自己的事业，成就自己的人生蓝图。其实，想要成为一个口若悬河的谈话高手并不难，说话有条理、有逻辑是其中的根本所在。

二十多岁的男人如果说话有条理、有逻辑，说出的话自有妙趣横生的魅力，这能帮助刚踏入社会的年轻男人打开工作局面和社交局面。如果在社交场合中能将你的想法行云流水般顺畅而恰到好处地表达出来，那将提升你富有吸引力的人品。

说话有条理就是要男人根据交谈的中心内容所涉及的话题程序安排好先后顺序，力求达到"众理虽繁，而无倒置之乖；群言虽多，而无棼丝之乱"。在交谈中说话毫无逻辑、前后矛盾、语无伦次、词不达意是无法继续进行的。

纪晓岚是清朝乾隆时期有名的大臣，同时也是一个说话非常有条理的男人。一次，他和其他大臣在谈话，谈话中他称呼乾隆皇帝为"老头子"，并被乾隆听见了，于是乾隆就问他："为什么要骂朕，称呼朕为老头子？"纪晓岚恭敬地回答道："称呼您为老头子没有骂您，是在夸您呢，您想大家称呼您为万岁万岁万万岁，万寿无疆，您与天同寿，还不能当一个'老'字吗？您是皇帝，乃万民之首，当然是天下的'头'了；您是天之骄子，天的儿子，所以称呼您为'老头子'是敬称，是尊敬您的意思。"乾隆听了，满心喜悦地接受了。

其实，乾隆明知纪晓岚是在巧言辩论，但还是无可奈何却又心悦诚服。由此可见，拥有逻辑思维的能力，说话有条理，对一个男人的各方面发展有多重要。

世间万物错综复杂，各种关系盘根错节、层出不穷。如果你想把话说得头头是道、有条有理，那么就必须考虑说话内容的先后顺序，明白先说什么，再说什么，最后说什么，并在大脑里谨慎思考一番再说出来，切不要脱口而出。一般来说，事情有发生、发展和结束的过程，而其中的各个不同阶段又有时间和空间的差异。说话时，或沿着事情发展的先后顺序，或按空间位置的转换交替逐个说明，如此才能杂而不乱、滴水不漏。

当然，在谈话中有时为了加强表达效果也可以变更说话条理及顺序，这基于男人有清晰的逻辑思维能力，明白自己所要陈述的重点，并能合理地利用各事物之间不同顺序体现出不同的侧重点。

曾国藩是清朝末期的著名将领，其领兵能力堪称一流。在他带领将士们镇压太平军时，因屡屡挫败，不得不上奏朝廷以示自责。在上书时，他说太平军过于强大，逼得清军"屡战屡败"。但他手下的一位幕僚则建议他改成"屡败屡战"。结果，曾国藩非但未因此获罪，反而得到了皇上的嘉奖，并派来增援物资及军队。

其实两句话都反映了同一个结局——失败，但前者显得清军不堪一击，力不及人；而后者却显得清军英勇顽强、百折不挠。仅仅就是因为变更了顺序，就起到了截然不同的效果。这说明男人说话时，既要有打破常规条理的勇气又要在情理之中运用得当。

说话没有条理的年轻男人常让人产生不信任的感觉，他常因为轻率的言语将人引入信口开河、离题万里的泥潭。没有组织的说话，毫无逻辑的交谈，反映出一个男人思维的混乱，这样的人，也不会有人愿意与他打交道。

二十几岁的男人想要说话有条理、有逻辑，首先，要具有敏锐的观察力，能深刻地认识事物，只有这样，说出的话才能一针见血，并准确无误地道出事物的本质；其次，思维能力一定要严密而有逻辑，懂得怎样分析、判断和推理，才能把话说得有理可循、有条不紊；最后，还要具备流畅的表达能力，知识渊博、谈资范围广，才能不断地把话题进行下去，把话说得生动有趣。

年轻的男人把话说得有条有理，有着很大的妙用，这使得他们在面对进退两难的窘境时，能从容地进退自如。

王僧虔是南齐著名的书法家，是晋代王羲之的后代，在书法上造诣颇深。当时南齐太祖萧道成也擅长书法，而且自命不凡，十分不乐意自己的书法逊色于臣子。

一日，齐太祖提出要与王僧虔比试书法。写毕，齐太祖傲慢地问他："你评评看，孰优孰劣？"王僧虔既不想贬低自己，又不能得罪皇帝，于是微皱眉头说："臣之书法，人臣中第一；陛下之书法，皇帝中第一。"太祖听了，开怀大笑了之。

王僧虔在回答问题时，避重就轻，次序井然，巧妙地回避了对方的刁难，摆脱了不利的窘境。

二十几岁的男人把话说得到位、有条理是大智慧。言谈是年轻男人成事的敲门砖，语言有条理、有逻辑的男人容易让人信任，常会委以重任。如此便为他们提供了展示自我的平台，使他们快速找到自己的立足点，明确自己未来发展的方向，从而在人生的汪洋大海中平稳航行。

说话要真诚，男人用心构筑生活

二十几岁的男人说话如果缺乏真诚，就如同滔滔不绝、一泻千里的演讲，就算言辞流畅优美，却因为缺少诚意而难以引人入胜。

男人年轻时，在社会上行走一定要说话真诚。真诚的话语如一缕沁人的春风，能滋润着孤寂的心灵；如一杯新沏的绿茶，安抚着酷暑下扰人的心境；如

一滴心灵的洗涤剂，荡尽尘埃开启清澈的心房。说话真诚的年轻男人往往给人一种成熟的信任感，能在纷繁中演绎默契沟通。

男人真诚与否，不仅仅表现在是否告知他人关于你的一切，而是表现在彼此间交谈的时候，有没有欺骗的行为。对年轻的男人而言，卸掉虚伪的面具，释放满腔的爱意和友情，营造感情温馨的氛围才是真诚所在。例如，对少管所的孩子来说，给予他们鼓励和支持，并教他们坚持努力的男人才是真诚的男人。

有位年轻的心理学家到一家少管所访问考察并为在那里服刑的青少年辅导。当他在面对那些孩子模样的罪犯时，一时竟不知该如何称呼他们。

若称他们为犯人，孩子们心理上必然会产生反抗情绪，这样对辅导教育十分不利，甚至会扭曲他们的人生观；称他们为先生，显然也不太理想，最后他开口说"误触国家法律的年轻朋友"。

谁料这一称呼却收到了意想不到的效果，那些孩子们听到这一称呼时都专注地凝视着他，有的甚至还激动得哭了。最终的结果是辅导过程相当顺利而效果显著。

这位年轻的心理学家一句真诚的称呼唤醒了服刑孩子们敏感的心灵，开启了他们脆弱的心门，显然这样的效果是他自己都未曾料到的。

男人一句真诚的语言常常包含三种含义：给予尊重，给予亲切感，对彼此相见或交往的珍惜。当他把这三种含义，通过一句真诚的话语传达给他人时，也显示了自身的热情、开朗、风度和涵养。

年轻有为的朱先生作为热门人选每年都会受邀参加某单位的杂志评选工作。该工作在当地十分有影响力，参与之人都倍感荣誉，因此很多人想参加却苦于找不到门路，多数人只参加过一两次，就再也没有机会了！朱先生却年年能享有此"殊荣"，这令大家都羡慕不已。

有人问朱先生，年年能参与评选的奥秘，朱先生微笑地告之了奥秘所在。他说：所谓的专业眼光并非关键因素，本身的职位也并不是那么重要，他之所以能年年被邀请，是因为他做人真诚。

朱先生在公开的评审会议上有这样一个原则——对所有参与单位给予真诚的称赞或批评。

虽然杂志有先后名次，但每位参选者也都既有面子又收获了提升意见。也正是因为朱先生真诚地为他人着想，承办该项目的人员和各个杂志社的编辑人员，都很尊敬与喜欢他，当然也就每年找他当评审了。

事实说明，年轻男人说话的魅力并非你说得多么流畅且滔滔不绝，而在于你是否真诚。当你用得体的话语表达出真情实意时，自然就为你赢得了对方的信任，建立起了人际之间的信赖关系，对方也就可能因信赖你这个人而喜欢你说的话，进而喜欢你这个人。

因此，男人说话要真诚，竭尽全力将自己的心意传递给对方。只有当他人感受到你的诚意时，他人才会打开心门，才能实现彼此的沟通和共鸣。

年轻男人真诚的话语好比温润的细雨，滋养万物细润无声；好比潺潺的流水，温婉动人丝丝入扣；好比融融的春光，明媚照人风华正茂。男人真诚的话语能把人与人之间的气氛变得愉快、祥和，好比化学反应中的酸碱中和，往往能够化干戈为玉帛，使双方真诚地握手言和。

真诚是一种男人思想上的健美操，需要经过长期的修养锻炼；真诚是一种男人文化的积淀，需要达到一定层次的要求水准；真诚是一个男人整体素质的组成因素，体现着这个人的精神世界、道德情操以及文化素质。

男人涉世之初说话贵在真诚，当遇到困难、挫折、不幸和苦恼时，真诚的话语和问候能赐予他人极大的安慰和支持。真诚是年轻男人说话的最高境界，一个说话真诚并乐于面对生活的男人，定能成为一个真正拥有幸福和快乐的男人。

说话要精练，句句说到点子上

男人把话说到点子上、说精巧了，才能极大地提高交际能力，拓宽自己的人生之路。

语言是年轻男人必须要驾驭的交际工具。有的男人因缺乏说话的技能，说话拖沓而啰唆，说不到点子上，往往造成"话不投机"的局面，如此，很难把事情办好，甚至即将成功的事情也会办砸；而有的男人则说话精练，句句在行，能得体地运用语言准确地传递信息、表情达意，甚至"点石成金"，收效甚佳。

能说会道、说话精练是年轻男人处世的一种本领。涉世之初时应重视"说话"的作用，讲究"说话"的艺术，能将自己的想法简洁而突出地表达出来。二十几岁的男人在生活中要注意积累语言，能用最到位的方式表情达意，力争赢得最佳效果。

明成祖时，有个贵妃离开了人世，举行祭祀时明成祖把年轻的大学士解缙请了来，让他当众朗读祭文，而奇怪的是，那所谓的"祭文"不过是一张白纸，上面除了四个"一"字就没有其他内容了，这正是典型的"无米之炊"。

只见，解缙不慌不忙，稍加思索后，朗声读道："巫山一片云，峨岭一堆雪，上苑一枝花，长安一轮月。云散，雪消，花残，月缺。呜呼哀哉！尚飨！"明成祖听了不禁拍手叫绝。

这祭文将贵妃比作"云""雪""花""月"，又连用了"云散""雪消""花残""月缺"指代贵妃之死，云之柔，雪之白，花之艳，月之美，该是多么让人神往！云散了，雪消了，花残了，月缺了，又该是多么让人遗憾！解缙硬是将一篇空无内容的祭文读得声情并茂、雅致之极！

这从无到有的谈话实在很难，而且还容不得人细想就要开口，但聪明的解缙却用精练的诗句完美地表达了意思，不仅恰当贴切，而且句句说到点子上，实属难得。

说话要精练，前提是挖掘到切合当时气氛的素材为自己的语言服务，并用点睛之语表达出来，把话说到点子上才能创造出人意料的效果。

曾经有场主题为"做文与做人"的演讲比赛，当时年轻的白岩松参加了这场比赛。排在白岩松之前的参赛者是西藏日报的记者白娟。她极富感染力地向大家讲述了自己作为一个驻藏记者的自豪、作为母亲的心酸，情真意切，令人动容。

接着白岩松上场说道："我是一个两岁孩子的父亲，我知道，在一个孩子一岁半到两岁之间，没有母亲在身边，对母亲来说是怎样的一种疼痛，我愿意把我心中所有的掌声，都献给前面的选手。"此话一出，全场掌声雷动。

白岩松就地选用前位选手的素材，精练到位地表达真诚美好的敬意，此举不仅显现了他的临场应变能力，更顺应了现场观众的心理需求，从而引起现场观众的共鸣，激起感情上的又一高潮。白岩松用寥寥数语，把话说到了点子上，不露痕迹地显现了自己的说话技巧，这样不仅把掌声献给了别人，同时也为自己赢得了掌声。著名相声演员马季也用同样的方法赢得了胜利。

马季有一次到湖北黄石市演出。在他表演之前，有位演员因紧张而错将"黄石市"说成了"黄石县"，引起了观众的哄笑和不满。

正在这时，马季登台说道："今天，我们有幸来到黄石省演出……"这番话把哄笑中的观众弄糊涂了。正当大家窃窃私语时，马季解释道："方才，我们的这位演员把黄石市说成了县，降了一级，我在这里当然要说成省，给提上一级。这样一降一提，哈，就平啦！"马季的即兴发挥，把话说到了点子上，几句话就圆了场，使演出得以顺利进行下去。

马季到位的话语反映了当时的真实情况，且用最简练、幽默的方式表达出来，令人信服相信。

年轻的男人说话时最忌讳的就是华而不实、废话连篇，因此，说话应精心设计、精练到位，而不是东拉西扯、语无伦次，令人生厌。

每一个涉世之初的男人都希望自己说话时能从容不迫，梦想展示自己超凡脱俗的说话能力。那么，请把话说到点子上吧。精练的语言表达能提升男人的说话信心，增添男人的做人魅力。年轻的男人只有善于说话、句句在行，才能如虎添翼、锦上添花，产生良好的交际效果。

第 4 章

男人说话有度，进退有度，把握分寸

我们都知道，人是生活在一定的集体中的，都需要人际交流与沟通，联系其间的就是语言。阐明了说话水平的高低，已成为一个人的生活及事业优劣、成败的关键因素。然而，说话是一件最简单的事，同时也是一件最困难的事。可以说，什么时机点该说什么话，什么时机点不该说什么话，或是该说多少话都是一门高深的学问，而这些，就需要男人们把握好说话的度，做到进退有度，把握分寸，游刃有余。

说话看时机，会说更要说得准

男人说话重在时机，正确的时机是实现飞黄腾达的金钥匙！

男人在年少时不仅仅要研究说话技巧，也要讲究说话的时机。原本正确的话如果不注意技巧，不把握时机，不但起不到应有的效果，甚至还会带来负面影响。说话的时机也是男人的一门必修课，学得深了，自然就受益匪浅；学得不好，就会处处碰壁，做不成好男人，成不了大事业。

所谓的把握时机，最基本的就是要知道什么话该说，什么话不该说，在什么场合说什么话，遇什么人说什么话。这看似简单，其中的奥妙却不少，做起来也不容易。很多男人也都在这方面吃了不少亏，最终懊悔不已。《陋室铭》中有云："山不在高，有仙则名；水不在深，有龙则灵。"男人说话也要如此：话不在多，点到为止；话不在好，把握时机为佳！

范雎在逃离魏国后只身前往秦国，机缘巧合，他见到了秦昭王。昭王知道他智慧过人，于是屏退身边的人，单独与他商谈国家大事，昭王对他说："有幸请得先生教导我。"范雎却只唯唯诺诺而已，不说一句话。昭王再请他谈话，还是如此，一连三次都是如此。到第四次，范雎只凭空大放厥词，却不说重点。到第五次，才略微着上边际。第六次，他仍就畅谈外事不涉及内事。等到昭王拜他为客卿，采用他的话有几年了，自己有充分把握，才痛陈内事。于是废除太后，驱逐穰侯、高陵、华阳、泾阳君到关外。

范雎之所以这样，是因为当时秦国内有太后专横，外有穰侯跋扈掌权，再有高陵、华阳、泾阳君等人为虎作伥，所以他不敢与秦昭王深谈，只能逐步地

第4章 男人说话有度，进退有度，把握分寸

谈以等待时机，避免说话达不到目的，反而一不小心为自己招来杀身之祸。

概括地说，男人说话在行的关键即为看准对方的目的以投其所好，并掌握时机的变化以及注重细小方面的观察。这全靠你在实践中去领会和发挥。如果你要赞美他人过去的成就或行为，就另当别论了。赞美这种既成的事实与交情的深浅没有关系，对方也容易接受，这就是说，倘若不是直接称赞对方，而是称赞与对方有关的事情，这种谈话在初次见面时比较有效。要找准时机赞美别人是件很不容易的事，若是不得法，反而会遭到排斥。为了让他人坦然说出心里话，你必须尽早发现对方引以自豪的地方，然后对此大加赞美。如没找准最佳时机，最好不要胡乱称赞，以免自讨没趣。

乔治是美国加利福尼亚洲的大亨，他所拥有的资产超过10亿美元。一年，他和他的商业伙伴戴维飞往中国某城市考察以寻找合作伙伴投资建厂。经过多方努力，几天后，乔治坐到了谈判桌前，和他谈判的是我国某大型企业的领导。这位领导以精明能干和通晓市场行情的本领令乔治欣赏，特别是当乔治听了他对合资企业的宏伟设想后，几乎已经看到了合资企业的美好前景。可就在准备签约的时候，这位领导又颇为自豪地说了一句："我们企业拥有二千多名职工，去年共创利税700多万元，实力是绝对的雄厚……"听到这儿，乔治呆住了，他默默掐指一算：700万元人民币折成美元是90余万，一个二千多人的企业一年才赚这些钱；而且，这位领导居然还表现得十分自得，看来合作以后这个企业肯定会令乔治大失所望，因为离自己预定的利润目标相差太大了。还好合同还没有签，于是，乔治当即决定终止合作谈判。

眼睁睁地看着马上就要达成的投资就这样飞了，原因仅仅是一句不合时宜的话。试想如果那位领导当时能保持安静，不就行了吗？这只能说明这个领导说话还没找对时机，甚至可以说他在商场摸爬滚打这么多年还没有学会如何说话，不知道在什么场合说什么话，最终也因此与一大笔投资失之交臂。

多数涉世之初的二十多岁的男人有一个共同的毛病，即在不适当的场合中，把自己所拥有的一切话题全部谈完，等到需要他再开口时就无话可说了。

这种现象，应该引起男人们的重视。

男人年少时要修炼高明的说话技巧，应具备能很快发现听众所感兴趣的话题的能力，同时拥有能够说得适时适地、恰到好处的才能和天赋。这种能掌握优越时机感的男人，无论是在遭到突变，或是遇到阻碍时，都能转危为安，转祸为福，甚至飞黄腾达！

说话要斟酌，男人沉默有内涵

斟酌是男人严谨的态度，沉默是男人内涵的证明。

二十几岁时的男人大多年轻气盛、事事要强，也总想处处表现自己。在说话时难免锋芒毕露、不细斟酌，以致伤人伤己。有时候，男人要能滔滔不绝，以显露自己的才华，也要懂得适时沉默，以彰显自己的深度。

如果说话是一朵热情绽放的娇艳花朵，那沉默就是为它无声奉献的种子；如果说话是顶风而立的挺拔大树，那沉默就是它赖以生存的根须；如果说话是远游四方的坚实巨轮，那沉默就是为它指点方向的舵手；如果说话是风驰电掣的尖锐利剑，那沉默就是它充满力量的弓弦；说话与沉默是相辅相成、情同手足的好兄弟。男人，时而要说话，则需要字斟句酌；时而要沉默，则需要思考等待。男人要学会说话、善于说话，也要学会沉默、善于沉默。

男人说话，尤其是在交往中，要多听取别人的意见和建议，说话斟酌考虑，不要随便发表议论。听不进别人意见的男人与祸从口出的男人都不会成为笑到最后的胜利者。只有多听慎言，做到凡事心中有数，该说则说，不该说则不说，年轻的男人为人处世才能更成熟。

古时，有个小国派使臣到我国来进贡了三个一模一样的金人，皇帝十分高兴。但是小国的使臣提出一道难题：这三个一模一样的金人哪个最有价值？

皇帝思考了很久，试了各种办法，还请来能工巧匠仔细检查，称重量，看做工，都没有发现有任何区别。皇帝十分苦恼，使臣还在宫中等着答案，应该怎么办呢？堂堂一个泱泱大国，如果连这种小事都无法解答，实在有失上邦之仪。最后，一位老大臣想到了办法，解决了这个问题。

使臣被请到大殿参见皇帝，老大臣胸有成竹地拿出三根稻草分别从金人的耳中插入：第一个金人的稻草从它的另一边耳朵出来了；第二个金人的稻草是从它的嘴巴里直接掉出来；而第三个金人，稻草进去后掉进了肚中，没有任何响动。老大臣当即说道：第三个金人最有价值！使臣默默无语，点头称是。

"沉默的性质揭示了一个人的灵魂的性质"，这是梅特林克的名言。善于沉默的男人消隐在喧闹的大千世界里，世界因而述说了一个大男人难能可贵的内涵。

善于沉默是一个男人思维厚重的积蓄，是离开羞耻、烦躁和厌恶的最佳选择和方式。著名诗人北岛这样表达沉默："也许最后的时刻到了，我没有留下遗嘱，只留下笔，给我的母亲。"鲁迅永载史册的不朽名言如此描述沉默："不在沉默中爆发，就在沉默中灭亡。"男人言语之间的沉默是望尽天涯路、独上高楼的无言思量，是男人永不腐朽的存在方式，是平常心的最佳体验。

在纷繁复杂的世界里，在嘈杂喧闹的环境中，能保持一份冷静、一份耐心、一份洞察力、一份宠辱不惊、一份淡泊宁静的男人，注定会收获意想不到的惊喜。

一家享誉世界的知名企业招聘一名处理琐碎敏感事物的高级职员。在面试的时候，前来的大多数应聘者都在高谈阔论、口若悬河，以求获得公司高层及其他员工的钦佩，唯有一名男子一直在喧哗的环境里沉默着。

结果当从广播里传出一个微弱的声音：我们想招聘一名有着安静天性以及敏锐观察力的人，听到这个指示的人可以进来拿聘书。这个微乎其微的声音只有他听见了，也只有他拿到了聘书，取得了这个令人羡慕的职位。

这位年轻的男人正是运用沉默才成为了胜利者，其实在我们的生活中这样的故事随处可见，并不是神话传说。正如"大智若愚，大巧若拙"所言，真正的

有内涵的男人往往是那些嘈杂环境中的沉默者，他们往往会成为最终的胜利者。

在如今浮躁的现实生活中，男人们难免觉得自己"天下第一"，总会看到自己的力量，而忽视他人的优势；总会觉得自己是强大无比的男人，便会有强烈的表演欲，不断地想说话、想炫耀、想展示。殊不知，这恰恰是最惹人讨厌的，人们往往会觉得这类男人毫无内涵可言，真正聪明的男人自然能体会出这其中的浅薄。真正有内涵的男人，会懂得沉默的意义与价值，会懂得字斟句酌的珍贵。

男人要修炼好自己的口才，与人交往，善于说话的人总是能占据先机。但信口开河却不是好的榜样，斟酌后的沉默有时更具备无言的力量。男人言辞的沉默绝不是麻木不仁的慵懒，不是拒绝感动与真情的矜持，不是害怕碰撞和承担的躲避，不是讨乖买巧与敷衍的忽略，而是狂放之后的收敛，是豁达之后的冷静，是散淡之时的从容，是浮华之时的内涵。

说话留余地，退一步说话是高招

说话善留余地，是男人为人处世的良语箴言。

中国有句俗话如是说："说话做事留一线，今后好见面。"即不要把事情做绝，不要把话说得不留余地，正所谓"凡事留三分，一路有人跟"。这犹如刚踏入社会的二十多岁的男人行走在独木桥上，倘若你不给别人留一定的余地，那被挤下水的有可能就是你。同样，男人说话亦是如此，要留一定的空间给别人，没有空间，你自己便失去了回旋的余地，没有回旋的余地，你的思维就会被缚住从而一事无成，说话留余地是为了自己能更好地发挥。

男人说话要善留余地，要学会总揽全局，从大处着眼，小处着手，在细节上要做到精益求精，尽善尽美，拥有"忍一时风平浪静，让三分海阔天空"的风度和气量。男人年少时免不了年轻气盛，这时候尤其要注意说话不宜太满，否则容易惹祸上身。

美国最伟大总统之一的林肯，在年轻时不仅喜欢评论是非，还常写诗讽刺别人。林肯在伊利诺伊州回春田镇当见习律师后，仍然喜欢在报上抨击反对者。1842年，他再一次写文章讽刺了一位自视甚高的政客詹姆士·席尔斯。

他于《春田日报》上发表了一封引起全镇哄然的匿名信嘲弄席尔斯，被引为笑料。自负而敏感的席尔斯当然愤怒不已，并努力查出了写信的人，他纵马追踪林肯，下战书要求与林肯决斗。林肯虽能写诗作文，却不善打斗，无奈迫于情势和维护尊严，只得接受挑战。到了约定那天，林肯和席尔斯在密西西比河岸碰面，准备一决生死，幸好当时有人挺身而出，阻止了他们的决斗。

经过此事，林肯汲取了教训。此后，他说话就小心稳重、为对方留有余地多了，也可以说这为他后来成为永垂青史的伟大总统奠定了基础。

正如"吃一堑，长一智"，林肯年少时经历的事情虽然让他栽了跟头，但也使他学到了不少经验。因为把话说得不留余地而给自己造成窘境的例子，在现实中比比皆是。这样做的结果，就如把水杯里装满了水，再也不能滴进一滴水，否则就会溢出来一样；亦如把气球充满了气，再充下去就会爆炸一样。

由此看来，在现实生活中，涉世之初的你应该学会说话留余地，否则无论你将来成长为多么强大、地位多高、权多炙手、钱多满贯的男人，被你伤害和被剥夺的人都不会善罢甘休，长此以往，誓必会使自己身陷囹圄。

精通《易经》的宋朝大哲学家邵康节与当时的著名理学家程颢、程颐是表兄弟，同时也和苏东坡来往密切，但二程和苏东坡一向不和，甚至见面都不打招呼。

当邵康节弥留之际，程颢、程颐兄弟在病榻前照顾他。这时外面有人来探病，程氏兄弟得知来人是苏东坡后，便吩咐下去，不准苏东坡进来。躺在床上病入膏肓的邵康节，此时已经无法说话了，于是，他就举起一双手，比成一个缺口的样子。程家两兄弟有点不明白他做出的这个手势是什么意思。不久，邵康节缓过一口气来说："把眼前的路留宽一点，好让后来的人走走。"说完，

就死了。

邵康节的话不无道理，这世间万事复杂多变，任何人都不能凭着自己的主观臆断来判定事情的最终结果。对二十多岁的男人来说更是浮沉不定、难以自料。男人说话要讲求留有余地，不把话说满、把人逼上绝路正是如此，因为凡事总有意外，留有余地，就是为了容纳这些意外，以免自己将来下不了台。

有时候即使与人交恶，也不要口出恶言，更不要说出"情断义绝""势不两立"之类过激的话，不管谁对谁错，说话都最好留有余地，以便他日狭路相逢还有个说话的"面子"。男人年少时说话多给他人留余地，其实并不仅仅是为对方考虑、对对方有益，更是为自己考虑、对自己有益，是"双赢"的高招。

有道是："三十年河东，三十年河西。"在突飞猛进的当今时代，人际关系的发展根本不用"三十年"便实现了此消彼长的变化，人们相互间更是"低头不见抬头见"。男人年轻时如果把话说得太满，将来一旦发生了不利于自己的变化，就难有回旋的余地了。

总之，男人一生说短也短，如白驹过隙；说长也长，数十载年华。世间事恰如白云苍狗，变化良多，没有定数，尤其是年轻时，人生之图不过刚刚展开，未来更是不可预测，所以不要一下子把话说绝了，把路堵死了，这样对自己是百害而无一利。

说话有分寸，谨慎有度是重点

正所谓：病从口入，祸从口出。男人说话要有分寸，开口之前慎思量。

世间诸事，有成有败，有得有失，而其中男人涉世之初做事成败、得失的关键在于对说话分寸的掌握。说话有分寸要求男人年少时在人际交往中对语言、表情、动作等都要把握一定的度，力求谦恭有礼，得体自然，潇洒大方，同时注意说话的时机和方式。任何夸夸其谈或是词不达意的话语，都会影响彼此间的交流。

男人年少时在交际中要注意说话的分寸,尽量做到言语真诚、委婉,该说则说,不该说则应保持缄默,说话的程度及尺度应根据对象和交际目标而定。我国的一句古话叫作"说者无心,听者有意。"有时候,明明只是无心的一句话,却"有意"地伤害到了他人。如此,轻则引起对方的反感,重则为自己引来灾祸。因此,当男人刚踏入社会在与他人打交道时,就需要谨言慎行,注意拿捏自己说话的分寸。

三国时期,孙权手下有一位大臣叫诸葛瑾,平时话不多,但却十分注意分寸,常常能在紧要关头凭借几句简单到位的话语解决棘手的问题。

一次,校尉殷模被孙权误会,并喝令推出去斩首处决,众大臣纷纷向孙权求情,唯有诸葛瑾独自站在那里一言不发。

孙权感到非常奇怪,于是便问诸葛瑾:"为何子瑜(诸葛瑾字子瑜)不说话?"只听诸葛瑾不慌不忙地答道:"我与殷模的家乡遭遇战乱,所以才来投奔陛下。现在殷模不思进取,辜负了您的一片期望,还为他求什么宽恕呢?"

短短几句话,孙权就感到殷模不远千里来投奔自己,即使有过错也应适当原谅,不能因此损失了一名得力干将,于是立刻下令赦免了殷模。

男人在说话时要记住:在任何地方和场合都要注意说话的分寸,有时候沉默也是掷地有声的话语。无论你是在探讨学问、接洽生意,或是交际应酬、娱乐消遣,凡是从你口中说出来的话,都要做到既有分寸又得体。即使你现在未必能够达到这样至高的境界,也应朝着这个目标去努力。

我国著名学者马寅初先生在担任北京大学校长期间,一次于百忙之中前去参加时任中文系教师郭良夫先生的结婚典礼。

当贺喜的人们发现马寅初校长亲临现场时,顿时气氛高涨起来,大家都鼓掌要求马校长即席致辞一番。

马寅初先生本来没有想到要在这喜庆的时候讲话,但是置身于这样的环境中,也不能拂逆众人的意愿,但是,说什么好呢?讲几句场面话吧,马先生没

有这个习惯；讲如何做学问吧，显然分寸把握不合时宜。

这时，马寅初先生灵机一动，来了个一句话演讲："我想请新娘放心，因为根据新郎大名，他就一定是位好丈夫。"

大家听了马寅初的这句话，顿时面面相觑，待想到新郎的大名才恍然大悟：良夫，不就是善良的丈夫吗？于是都开怀大笑起来。

马寅初先生借助郭良夫的名字借题发挥，既表示了校长对教师的美好祝愿，希望郭老师人如其名，做一个好丈夫，又有分寸而妙趣横生地增添了喜庆气氛，一举两得，可见男人说话有分寸的重要性。

年少的男人注意说话的分寸其实并不难，牢记孔子所说的"言未及之而言谓之躁，言及之而不言谓之隐，未见颜色而言谓之瞽"即可。

在公共话题进行中尽量避免毛躁的性格，你一定要徐徐道来，这才是合适的、恰当的、最有分寸的，才能显示你的大将之风。如果随便插话，则剥夺了其他人说话的权利，是不可取的。当轮到你发表意见时，应条理清晰、有分寸地进行下去，并灵活运用优雅的肢体语言、活泼俏皮的幽默，如此能给人以自信、干练、聪明的印象，也有利于你未来的人际交往。

说话有分寸还包括在谈话中学会看他人的脸色，你看看别人希望你说什么，你能不能够说出最合适、最有分寸的话，还需要自己有心理准备，你必须要做一个了解对方的男人。其实朋友之间永远是有尊敬、有顾忌的，不仅仅是朋友，还包括亲人，夫妻、父子之间都应有所顾忌。每个人都有他生命中的荣耀与伤痛，真正的说话艺术是不断地放大他的自豪，而不去触及他的伤口，这就需要把握谈话的分寸，也需要你有眼色，知道他喜欢什么、不喜欢什么，这不同于投其所好和拍马屁，而是你是否能给朋友一个宽容、友好的氛围，以继续沟通下去。

凡事纸上谈兵是行不通的，还需要在实践中历练、积累。这就需要男人二十多岁的时候把寻求"度"、把握"分寸"，当作一辈子的事业去看待。

说话多留神，细细推敲学问多

说话留神推敲是成功谈话的金科玉律，是男人综合能力的全面体现。

涉世之初的男人要在社会上立足，少不了与人交往，发表自己的意见和见解。在男人为人处世的哲学中，话语的力量是巨大的。在生活中，有些年轻男人本领极高，才高八斗，但就是说话不留神，或者说话不推敲，总说让人别扭的话，这样常将自己置于尴尬的境地，甚至遗失一些成功的机会；反之，有些年轻男人本事一般，但有一张灿若莲花的嘴，说话留神，进而做任何事都顺顺当当。这种对比不是偶然，而是无数事实证明的。

说话是一门艺术，而"说什么"和"怎么说"则是一门学问。俗话说："一句话，百样说"，但在某个特定的环境中只有一种说法是最贴切的，这就是所谓的"怎么说"。"怎么说"这门学问需要二十几岁的男人在实际中去感知和演练。年轻男人遇事不可信口开河，而应该自己先琢磨清楚，仔细推敲：这样说行吗？这种说法对方能接受吗？有没有更好的表达方式？

男人在为人处世时，一定要针对不同的场合、不同的谈话对象仔细推敲后再开口，如此方能说出适当的话来。男人用恰如其分的表述方式表达能给人以稳重、值得信赖的踏实感觉。

年轻男人说话要看场合。当你与人接触，展开对话时，必须看清周围的环境，并懂得于不同场合斟酌不同的说话技巧，言谈举止都应与当时的氛围协调。若身处正式场合，与长辈或达官显宦打交道，则说话尤其要留神、稳重；若是与朋友接触，则可随意舒适一些；若置身喜庆场合，则要灵用脑子，多找好话、巧话说；若处于悲痛的现场，则应谨慎，多说体己话。

年轻男人说话要看时机。说话留神与说话的时机关系很大，因为人的思维每时每刻都是变化的，如果没有把握好恰当的时机，话语的效果就大打折扣，因此，斟酌语言要将谈话对象的所有因素都考虑在内。

一天，一个年轻的男人因为新买的某品牌冰箱有问题而屡次去维修站修

理，但都没有修好，他只好找该维修站经理投诉。这时，经理叫来正在阅读小说的修理工询问相关情况，并提出了严厉批评，责令其修好冰箱。一路上，修理工铁着脸一句话都没说，而年轻人在留神观察后问他："你看的那小说是第几部？"对方回答："上部，快看完了，但没找到下部。"年轻人说："我正好也喜欢看这小说，家里有全套，等冰箱修好了借给你看。"如此，双方围绕着小说打开了话匣子，初时的尴尬气氛完全消除了。后来，冰箱不仅在和谐的氛围中修好了，两人还因此成为了好朋友。

正是这年轻人善于推敲说话场合和时机才起到了事半功倍的效果。事实上，说话交流本是一种双向活动，是人与人之间思维、观念的沟通。所以，年轻男人在说话时，应用心去琢磨、推敲哪些应该说，应该怎么说，对谁说。

二十几岁的男人除了要推敲说话场合和时机外，说话的节奏、姿态等也应拿捏好分寸。说话把握节奏，快慢适宜、语调抑扬顿挫是捕获听众注意的秘诀。要留神的是谈话时应根据当时的形势该快则快，该高则高，该慢则慢，当然这要根据你谈话的重点而定了，善于用不同的语速、语调来清晰而明确地提示听众何谓你谈话中的兴趣点、关键点。

对年轻的男人来说要于谈话中取得成功，还要力求言简意赅地表达自己的意思，这就需要推敲谈话的字眼，在话未说出来之前，应先在心里打好腹稿，对自己所想表达的意思描画一个极简单的轮廓，再据此斟酌合适而精练的字眼。在谈话中最好避免太深奥的名词，除非你是和资深人士讨论某方面的专业问题，否则，只会让人觉得你在炫耀自己的才学，即使你用的是对的。

日常生活中，说话是最普通的行为，但正是这样一种最普通的行为却能体现着一个年轻男人的修养。男人学会留神推敲自己的谈话才能达到预期目的、赢得对方的信任，说服对方让其心悦诚服地接受，渐而拓展自己的人脉，早日达成所愿。

第 5 章

男人巧妙办事，扩展思路讲方法

在社会上行走，面对强大的对手，明知不敌也要毅然"亮剑"，这是男人英雄般的气概，或许也是一种执迷不悟的愚勇。哲人说，拥有智慧头脑的男人，世界会为他频频让步。那些成功男士之所以能够在人生的道路上顺风顺水，主要原因在于他们思路活、方法多，在办事的时候，因人而宜、因势而变，懂得怎么样轻松达到办事的目的、取得办事的实效，所以他们总是先人一步、高人一等。让他人望其项背，只得不停地叹息。

把握做事分寸，成就精妙人生

分寸是男人做人做事的标尺，超载它，好与坏、喜与悲就可能发生戏剧性转化。

对男人来说，做人做事的最高境界不是锋芒毕露、事事第一、时时争胜，也不是默不作声、不伤和气、无欲无为，而是能够把事情处理得恰到好处。这是一种做事的艺术，是为人处世讲究分寸的智慧。

讲究分寸的男人，做事时审时度势、量力而为，知道不偏不倚、见好就收。哲人说，分寸是合适的鞋，不大也不小；分寸是春天的风，不冷也不热；分寸是知时节的雨，不迟也不早；分寸是烹调名师放的盐，不咸也不淡。

想要游刃有余地在大千世界中生存，就必须精准拿捏分寸。说话或做事有标准和限度。把握好分寸是成功男人的必修课。

漫漫人生路，上下求索，既是在追求结果也是在享受过程。人生的希望之旅璀璨处，不一定是踏燕归来；而失意时，也并非江郎才尽。做人的起承转合、万千变化，无不在"分寸"之间变换。不管是方圆通达，还是低调中庸，都是对把握分寸的诠释。

常言道，"花要半开，酒要半醉"，男人做事亦是如此。志得意满之时，适当收敛你的锋芒，讲究分寸才是做人长盛不衰的灵丹妙药。

有个寓言故事说，有一个国王，长得身高体壮，可惜有一只眼睛是瞎的，一条腿是瘸的。一天，这个国王招来三个著名的画师给他画像。第一个画师，把国王的双眼画得炯炯有神，两腿粗壮有力，十分英俊威武。国王一看十分来气:"这是个善于逢迎的家伙。"随后,他便命人把画师推出去斩首。第二个画师,吸取第一个画师的教训,把国王画得十分逼真,国王看过之后,亦是一脸怒气,说:"这叫什么艺术?"接着,他又叫人把这位画师的头也砍了。第三个画师,把国王画成正在用单腿半跪打猎的样子:双手端着猎枪,一只胳臂肘依托在瘸腿上,一只好眼睛睁得大大的,另一只瞎眼睛紧紧闭着瞄准前方。国王一看,十分高兴,奖给这位画师一袋金子,还封他为"国内第一画师"。

男人做人要诚实,做事更要讲分寸。一味刚直不阿,如那位画得十分逼真的画师一样,难免受人制裁,自己遭殃。以一种艺术的手法掩盖国王的缺点,恰当地展现他的风姿,既实事求是,又皆大欢喜。

在现实生活中,虽然不是每个男人都有第三个画师那样高深的造诣,但善于观察、巧妙行事的策略都应该努力掌握。这样才能让自己的行为更符合形势,不仅能保全自己,更能出色应对。

男人在社会上行走时切记古人的这句名言:"物极必反。"一个事物发展到一个极端,就会向相反的方向转化。它告诉我们干什么都要讲究度的把握,千万不能走极端。如果你鸿运当头,集三千宠爱于一身,也不要骄傲自满,目空一切。事情做过了头,福祸就会相互转化。

历史上有很多男人正是因为没能把握好分寸而铸成惨剧。

周亚夫是汉景帝时期的著名大将,当时匈奴经常入侵骚扰国民,汉景帝想重用大将周亚夫。但是,汉景帝也知道周亚夫因为自诩劳苦功高,有着飞扬跋扈的劣习,因此,希望在重用他之前先压压他的傲气。为此,汉景帝精心安排了一场宴席,宴请群臣。但是开宴时间已过,周亚夫还没到来。汉景帝就非常生气,他悄悄让侍从撤去了周亚夫桌上的餐具。原来,周亚夫因为感觉到自己将被重用,又有机会驰骋沙场了,因此有些得意忘形,礼服也不穿,还吩咐车夫"贵客必后至"。入席后,看到没有自己的餐具,大声命令随从去拿筷子。汉景帝当众申斥了他,"我们这里容不下你,你回去吧!"其后,周亚夫因为私自囤积盔甲武器,触法入狱,在狱中绝食而亡,汉景帝不久也吐血而死。

如果周亚夫能懂做人的分寸，少些张狂，定能统率三军报效国家，为汉朝立下汗马功劳，奈何其不懂分寸而导致命运的逆转。古往今来，因分寸拿捏到位与否而改变命运的例子不胜枚举。芸芸众生中的年轻男人，亦应讲究做人的分寸，如此才能找准自己恰当的定位。

做事时把握好一个度，不超过临界点，在特定的范围内大展身手，就不会遭受厄运的侵袭。古人云："差之毫厘，谬以千里。"分寸上的差距虽然很小，可实际上可能会变成巨大的差别。人生的悲欢离合，很多都是分寸的缩影。分寸是二十几岁的男人做人做事的标尺，超过它，好与坏、喜与悲就可能发生戏剧性转化。分寸几乎贯穿于男人人生的各种境地的转化之中，悄然改变着我们的人生轨迹。善于把握分寸的男人，总能够将事情处理得妥妥当当，为自己迎来新的机遇。

利用优势，做最擅长的事

每个人身上都蕴藏着一份特殊的才能。那份才能犹如一位熟睡的的巨人，等待着我们去唤醒他。

世间万物，都有自己生存的最佳位置，都在根据自己的优势，做着自己最擅长的事情。鸟有翅膀而翱翔天空；鱼善水而遨游江海。在无法抗拒的生存竞争中，垫高你的优势，发挥你的长项是占得一席之地的法宝。

比尔·盖茨有一句口头禅："做自己最擅长的事。"这句话被大多数男人所认同。在专业主义的新时代，那些发现自己的优势、找到自己的强项，在某个领域持续积累、勇于突破的男人，才是走在传统的出人头地的路上的人。

奥托·瓦拉赫是诺贝尔化学奖获得者，他的成才之路极富传奇色彩。

瓦拉赫在开始读中学时，父母为他选择的是一条文学之路，不料一个学期下来，老师为他写下了这样的评语："瓦拉赫很用功，但过分拘泥，这样的人即使有着完美的品德，也绝不可能在文学上发挥出来。"

此时，父母只好尊重儿子的意见，让他改学油画。可瓦拉赫既不善于构图，又不会润色，对艺术的理解力也不强，成绩在班上倒数第一，学校的评语更令人难以接受："你是绘画艺术方面的不可造就之才。"

面对如此"笨拙"的学生，绝大部分老师认为他已成才无望，只有化学老师认为他做事一丝不苟，具备做好化学实验应有的品格，建议他试学化学。

父母接受了化学老师的建议。这下，瓦拉赫智慧的火花一下被点着了。文学艺术的"不可造就之才"一下子变成了公认的化学方面的"前程远大的高材生"。在同类学生中，他遥遥领先……

年轻的男人从瓦拉赫的成长历程中有这样的启发：人的智能发展都是不均衡的，都有智能的强点和弱点，人一旦找到自己的智能的最佳点，使智能潜力得到充分的发挥，便可取得惊人的成绩。这一现象人们常称为"瓦拉赫效应"。众多成功男人的奋斗史告诉我们，幸运之神总是垂青于忠于自己个性长处的人。

松下幸之助曾说，人生成功的诀窍在于经营自己的个性长处，经营长处能使自己的人生增值，否则，必将使自己的人生贬值。他还说，一个卖牛奶卖得非常火爆的人就是成功，你没有资格看不起他，除非你能证明你卖得比他更好。

在那些功成名就的男人身上，我们很容易就会发现这样的共同特征：不论智商高低，也不论他们从事哪一种行业、担任何种职务，他们都在做自己最擅长的事。

为前程不懈打拼的男人，在低头做事时少有时间抬头审视前进的方向，看看自己是不是在做最擅长的事。在竞争中，能力是制胜的资本，对二十几岁的男人来说，发现自己的能力或优势，并把它展现出来，并不是一件易事。很多时候，你最擅长的也许并不是你最喜欢的。例如，喜欢舞文弄墨的人，不见得适合当文字编辑；爱唱歌的人，未必就能从事歌唱事业，毕竟，享受成果和努力付出是两回事。年轻男人要根据自己的实际情况，从各个方面比较和分析来判断你的专长是哪方面，从而定好位置，发挥优势帮助自己逐步突破。

爱因斯坦在20世纪30年代曾收到以色列当局的一封信，信中邀请他去当以色列总统。爱因斯坦是犹太人，若能当上以色列的总统，在一般人看来，自是荣幸之至了。但出乎人们意料的是，爱因斯坦竟然拒绝了。他说："我整个一生都在同客观物质打交道，既缺乏天生的才智，也缺乏经验来处理行政事务以及公正地对待别人。所以，本人不适合如此高官重任。"

大文豪马克·吐温曾经经商，不仅自己多年用心血换来的经费赔了个精光，还欠了一屁股债。妻子奥莉姬深知丈夫没有经商的本事，却有文学上的天赋，便帮助他鼓起勇气，振作精神，重走创作之路。马克·吐温发挥自己写作的优势，不仅摆脱了失败的痛苦，而且在文学创作上取得了辉煌的业绩。

在人生的棋盘上，让自己走对位置，直接决定着你未来的路是充满荆棘，还是一片坦途。找到自己的优势，用心经营，你的人生就可以不断增值。

年轻的男人要始终保持清醒的头脑，以利于自己进行思考和判断。男人不论是发现优势，还是根据优势做自己擅长的事，都不是一时一刻的事情，而是一种持续的过程，是一种逐步积累、提高，实现突破的过程。这需要男人具有脚踏实地的作风。

在工作了一个星期后，卡里比向主管提交了辞呈。他的主管是一名男性，在这个行业中的资历深厚，每天做重复的工作，却乐此不疲，这很让他不解。

"起初，我以为我是很有兴趣的。工作一个星期以后，我才发现我对这个工作一点兴趣都没有。"他说得理直气壮。

"你才做了八天，就发现你对这个工作不感兴趣。"他感触万千地看着他，虽然有点失望，但不忍心责怪。

随后，主管说，"在工作上，我跌倒过，痛苦过，也疲倦过，但是从未放弃过。越是这样，越发现自己真的很爱这个工作。"

主管的话对每个年轻的男人都是一种告诫：一个人的"成就"要来自他对自己擅长的工作专注和投入，无怨无悔地付出努力的代价，才能享受甘美的果实。

成功学专家A.罗宾曾经在《唤醒心中的巨人》一书中非常诚恳地说过：

"每个人身上都蕴藏着一份特殊的才能。那份才能犹如一位熟睡的的巨人，等待着我们去唤醒他……上天不会亏待任何一个人，他给我们每个人以无穷的机会去充分发挥所长……我们每个人身上都藏着可以'立即'支取的能力，借这个能力我们完全可以改变自己的人生，只要下决心改变，那么，长久以来的美梦便可以实现。"

很多男人在社会上打拼了几年之后，逐渐以现实的眼光看待人生，认为做自己应该做的事情就已经足够，或者说做自己能做的事就行了，但事实是这仅仅是最无奈的选择和做法。根据自己的优势，做自己最擅长的事，这才是实现人生价值的最明智之举。

善抓机会，实现质的改变

也许，那些机遇的到来并不是那么明朗，完全是在你不可预知的情况下意外出现的，这个时候，能否有所斩获，关键就在于男人捕捉机遇的能力了。

生活中，总有那么一些男人在生活的重压下常常哀叹命运的不公，说上天没有赋予自己先天的家庭优势，也没有出众的外表，更可悲的是连良好的机遇也都没有获得。人与人之间生来就有差距，不用因别的男人的先天优势而耿耿于怀，甚至坐卧不宁。后天的努力往往更能造就真正的强者。

积极的男人只把眼前的困境当作一首序曲，而不是作为完结篇。而消极的男人只会心生抱怨，沉迷于世事不公、机遇不佳、怀才不遇的自怜中，蜷缩在某个避风的港湾不愿出头。

其实不然。上天对待每个人都是公平的，在给予别人机遇的同时，也给予你同样的机遇。也许，那些机遇的到来并不是那么明朗，完全是在你不可预料的情况下意外出现的，这个时候，能否有所斩获，关键就在于男人捕捉机遇的能力了。

考最好的大学，深造几年，然后进最好的公司工作，实现自己的雄心壮

志，过高品质的生活。这是大多数年轻男人选择的人生道路，或者说是最可靠的人生规划。但是有的人会选择打破这种规则，承受与同龄人不等的困难和风险，最终达到成功的巅峰。而同时，许多同龄人也许就在大众化的"独木桥"上被挤下、被淘汰，落得平庸无为。时机来到，有的男人能及时发现，有的男人却视而不见，有的男人虽然有所发现，但认识不清，把握不准。对机会的认识决定了对机会的选择。不能识机，也就无所谓择机；识机不深不明，便会在机会选择上犹豫徘徊、左顾右盼，不能当机立断，最终会遗失良机。

　　二十几岁的男人在社会上打拼，要谨记，机遇的每次到来，都不会提前跟你打招呼，总是悄悄地来，试图让你发现它、抓住它，如果你懵懵懂懂，机遇即使在你面前，你也会视而不见，眼睁睁地看着它离去。生活中的很多男人，对机遇总是抱着守株待兔的心态，等待不到就开始怨天尤人，慨叹自己不是上帝的宠儿，但实际情况却是太多的机遇就在等待的过程中与他们擦肩而过了。要想做到见机而动，必须善择良机。良机不可能赤裸裸地放在男人的面前，它常常被复杂变幻的迷雾所掩盖。为此，必须提升审时度势的能力，随时把握客观形势及其各种力量对比的变化，透过现象发现本质，方能及时抓住时机。

　　美联储主席格林斯潘就是这样的典型。当他还没有从纽约大学毕业的时候，为挣学费在一家投资机构做兼职调查员。在美国政府封锁消息、层层保密之下，他竟然从军队的营数算出战斗机的架数，再算出耗损量，又预测出朝鲜战争期间每种型号战斗机的需求量，随后找来飞机制造厂的技术报告和工程手册，弄清楚制造战斗机所需铝、铜和钢材等原材料的数量，最终得出美国政府对原材料的需求量。他的报告使投资家们较准确地预测了美国政府对原材料的需求量对股市的影响，给他们带来了丰厚的回报。格林斯潘也因此受人瞩目，为以后人生的辉煌打下了坚实的基础。

　　格林斯潘这样的男人是注定的成功者，他们具有超乎常人的思维，像预言家一样在机遇还未露出端倪之时，就已经做好了将它斩落马下的准备。当然，这种成事的策略我们只能远观而不能近学之，但对那些有志创业，又有所准备的人来说，他们的思路也会高速运转，时刻准备把握机会的到来。

试想一下，当一个人穷思竭虑地思索，要找出富有创意的方法来解决问题时，最好的机会也必将随之而来。他亲身体会创业路上的一些危险，将会因为不断地进行自我锻炼而渡过许多难关，而且将来面临更大的挑战时，也能完全自控。就如同老橡树一样，只有被迫去挣扎奋斗之后，才能更加强壮。

在一双未受过训练的眼睛看来，水晶矿石不过是一块普通的石头，只有善于发现的人，才能看出在矿石的内部有着美丽的水晶。那些因为闭塞的心理而拒绝做新尝试的人，将错失生命中最好的机会，因为它们就如同晶矿一般，通常藏在不起眼的外表之下。成功的路有千万条，即使写一个成功指南，也只能指明一条路，如果这条路真的是成功的光明大道，那肯定很快就挤满了人。

成功后的男人说，人生并不缺少机会，在通往成功的道路上，机会常常会轻轻地敲响你的门，只是它们来临的时候，常常是百无聊赖的你正处于昏昏欲睡的状态，你忽略了那一声声轻微的却足以决定你命运的声音，所以我们缺乏的常常是善于发现机会的能力。很多的机会好像蒙尘的珍珠，让人无法一眼就看到它华丽珍贵的本质。踏实的男人并不是一味等待的男人，要学会为机会拭去障眼的灰尘，然后将机会和自己的能力对比，合适的赶紧抓住，不合适的学会放弃。用明智的态度对待机会，也用明智的态度对待人生，人生脱颖而出的关键在于找到合适的机会表现自己！

事情的成败，决定于点滴的细节

越是细节、越是小事，男人越容易在思想上麻痹大意，从而导致行为上的疏忽。

男人在享受着男子汉、真英雄、豪爽、有魄力等溢美之词的同时，也往往是粗心大意的主体。虽然老子早就告诫男人们"天下大事，必作于细"，但很

多在事业上苦苦打拼、在工作岗位上努力表现的年轻男人，终究还是因为关键时刻1%的疏忽而导致100%的失败，这也正是他们与成功无缘的主要原因。

细节成就完美的口号高喊了很多年，很多男人依旧左耳朵进、右耳朵出，我行我素，毫无改善。生活中的精彩多由一个个的细节构成，从细节的角度出发，你可以眺望到一种精神、一种态度、一份专注。越是细节、越是小事，男人越容易在思想上麻痹大意，从而导致行为上的疏忽，以致酿成无法挽回的后果。

在实际生活中，细节常因其格外微小而被人忽略，但这绝不意味着细节无关紧要。作为在忙碌的社会中期待获得成功与幸福的年轻男人，你是否发现，你身边的人之所以比你优秀，很可能是因为他们能够抓住那些被人忽略的细节，加以利用，大做文章，最终高人一筹，在人生的关键时刻迈出了你没有迈出的那一步。

俗话说，"一粒沙里看世界，半句话中辟乾坤。"做事时小心谨慎、关注细节的男人，即使平庸无奇、默默无闻，他的成就往往也高于他人。

相反，一个做事大而化之、对细节熟视无睹、不把细节当回事的人，做事时缺乏认真的态度，敷衍了事，无论干什么事都很难取得较大的成功。不能站在细节的角度考虑全局，他们没有一颗把事情做得圆满，极力追求完美的心。

心理学家说，细节是一张名片，通过它能够反映一个人的态度、能力。细节虽微乎其微，但它的力量却无法估量，特别是当它们紧紧地抱成团的时候，对细节关注的程度和细节处理的优劣直接决定了事情的结果。

在一堂美术课上，老师偶然听见同学们对"错一个小数点，卫星就不能上天"这话的议论，很遗憾地摇摇头，说："你们这些孩子，不懂得卫星和小数点的意义，忽视了一个很严肃的道理。"那天恰好学习画人手，老师说："手，看起来不复杂，但我先讲一个故事，之后你们可能就会认真学画了。"

德国有一家服装厂，每年生产许多手套，都在附近的城市销售，销量一直平稳。有一年，他们得知不远的地方新建了一家专门生产手套的小厂，由于这个小厂业务量不大，对他们似乎没有什么影响，就没太在意。但是，一年后，

他们又发现：自己生产的手套在市场上不吃香了，而那个小厂生产的手套几乎占领了80%的市场份额……

老师问："你们猜猜，这是为什么？"同学们七嘴八舌地列举了许多理由，老师对其中的部分答案表示肯定，但同时又一再鼓励同学们继续猜。十分钟后，教室里没声音了。老师神秘地笑了，说："手套里有一个微小的数字，决定了它是否更讨人喜欢……"

原来，那家小厂生产的手套，即使同一双，大小都是不一样的：因为大多数人是右撇子，右手通常比左手大4%。所以，这种大小不一的手套，戴起来感觉更合适！

"这个4%的区别，使这个小厂获得了80%的手套市场份额——听起来是不是很有意思？"

美术老师意味深长地说："我知道，卫星离你们太遥远，但手套你们总见过吧！记住，以后不要轻易蔑视那些看似细小的事物，它们有时能决定事情的成败！"

人们常说，细节决定成败。平庸和杰出的最大差距便是在做事的细节上，唯有对"细节"关注的男人，才能够在众多的竞争中脱颖而出。

不可否认，做事是一门高深的学问。要想融会贯通，必须从细节处着手。细节影响品质，细节体现品位，细节显示差距，细节决定成败，细节的力量就是"润物细无声"。余世维曾说，细节的意思就是追求完美。先贤也曾说过这样的箴言，"小事成就大事，细节成就完美。"在细节处往往隐藏着无穷的力量，它不仅决定着男人做一件事情的成败，而且决定着男人的未来，乃至一个国家的兴亡。

这是一个表现细节力量的经典故事：

国王查理三世与里奇蒙德伯爵亨利的一战将决定谁统治英国。

战斗进行的当天早上，查理派了一个马夫去备好自己最喜欢的战马。"快点给它钉掌，"马夫对铁匠说，"国王希望骑着它打头阵。""你得等等，"铁匠回答，"我前几天给国王全军的马都钉了掌，现在我得打点儿铁片

来。""我等不及了。"马夫不耐烦地叫道,"敌人正在推进,我们必须在战场上迎击敌兵,有什么你就用什么吧。"

铁匠埋头干活,从一根铁条上弄下四个马掌,把它们砸平、整形,固定在马蹄上,然后开始钉钉子。钉了三个掌后,他发现没有钉子来钉第四个掌了。"我需要一两个钉子,"他说,"得需要点时间砸出两个。""我告诉过你我等不及了,"马夫急切地说,"我听见军号了,你能不能凑合?""我能把马掌钉上,但是不能像其他几个那么结实。""能不能挂住?"马夫问。"应该能,"铁匠回答,"但我没把握。""好吧,就这样,"马夫叫道,"快点,要不然国王会怪罪到咱俩头上的。"

两军交上了锋,查理国王冲锋陷阵,带领士兵迎战敌人。"冲啊,冲啊!"他喊着,率领部队冲向敌阵。远远地,他看见战场另一头自己的几个士兵退却了。如果别人看见他们这样,也会后退的,所以查理策马扬鞭冲向那个缺口,召唤士兵调转头战斗。

他还没走到一半,一只马掌就掉了,战马跌翻在地,查理也被掀翻在地。国王还没有抓住缰绳,惊恐的马就跳起来逃走了。查理环顾四周,他的士兵们纷纷转身撤退,敌人的军队包围了上来。

他在空中挥舞宝剑,"马!"他喊道,"一匹马,我的国家倾覆就因为这一匹马。"

他没有马骑了,他的军队已经分崩,士兵们自顾不暇。不一会儿,敌军俘获了查理,战斗结束了。所有的损失都是因为少了一个马钉。

可能没有人想到一个国家的灭亡仅仅是因为一个没有钉全的马掌。细节看似无足轻重,却在关键时刻决定了大局的成败。

俗话说,"世上无难事,只怕有心人",站在人生特定的起跑线上,男人们更要懂得世上无易事,细节须重视的道理。细节是丰收过的果园里遗落的那只果子,在你不怀有任何期待的时候,一抬头便看见了它,你的眼前豁然开朗。注重细节的男人,往往能够更好地看到成功后的美丽,提升人生幸福的指数。

第6章

男人变通做事，此路不通另寻他法

一个懂得不断改变自己的男人，往往能及时适应客观世界的改变，并抓住发展的机会，在变革中求生存，最终成就一番事业。事实上，那些精通"尝试"技巧的人，并没有什么聪明才华，但他能够在一生中有所建树，有时甚至获得惊人的成就，无不是因为他们使自己变成了击不倒的竞争者。

不在错误的地方寻找正确的答案

男人无畏地执着于追求,却感到痛苦,多因为他在追求错误的东西。

作为男人,要有力量,更要有头脑。想永远比做要早一步,你才不会盲目地忙碌。在做事前辨析周围的形势和条件、找对前行的目标,你的每一次努力才会更加见效。

哲人说,男人之所以痛苦,是因为他在追求错误的东西。男人之所以还没有成功,是因为在错误的地方寻找正确的答案。

有这样一则笑话与男人们一起分享:

有一只兔子噔噔噔跑到网吧门口大喊:"老板,请问有没有卖胡萝卜?"老板跟兔子说:"我这里是网吧,没有胡萝卜。""哦!"兔子噔噔噔跳走了。

第二天,兔子又噔噔噔跑到网吧门口大喊:"老板,请问有没有卖胡萝卜啊?"老板跑出来说:"早就跟你说我这里没有胡萝卜,你怎么还来?走开!走开!"兔子又"哦"一声,噔噔噔跳走了。

第三天,兔子又噔噔噔跑到网吧门口大喊:"老板,请问有没有卖胡萝卜啊?"老板生气地冲出来说:"已经告诉你这里没有胡萝卜你还敢来?你再来的话,我就把你的耳朵剪掉!"兔子吓了一跳,就噔噔噔逃走了。

第四天,兔子又噔噔噔跑到网吧门口大喊:"老板,请问有没有卖剪刀?"老板纳闷地走出来说:"我这里怎么会卖剪刀?""哦!"兔子说:"那你有没有卖胡萝卜?"

这个笑话在网上引起热烈讨论，有人问："这个故事给你什么样的启示？"最大的笑话竟然是有76%的人回答："这个故事告诉我们，做任何事情都要坚持到底！"

就像大多数人都认为故事的寓意是告诉我们做任何事情都要坚持到底一样，很多男人在判断和思考时也未能打开思路，使人生接二连三地陷入了困境。故事中的兔子一味坚持，试想它的耳朵被剪掉了，能不能吃到胡萝卜？不能！尾巴被剪掉了，能不能吃到胡萝卜？不能！这就是坚持所能得到的唯一结果。

这个故事对于男人的启示是："不要在错误的地方找正确的答案。"男人凭着自己坚强的毅力执着坚持，以永不放弃的信念努力追求，固然是很好的态度，但是必须先认清事实，找对目标，想好策略再做事，然后坚持到底！

一天，便利商店的店员打电话到警察局："警察先生，请派人来，现在是半夜两点，有一个男人在门外走来走去，鬼鬼祟祟非常可疑！"

警察赶来后就问男士："先生，你在干什么？"男士说："我的钥匙掉了，在这里找呢！"

警察问："钥匙是在哪里掉的？"男士回答："在我家门口！"

问："你家在哪里？"

答："在前面巷子里！"

问："那你为什么跑到这里来找？你怎么那么笨？"

答："巷子里那么暗怎么找？这里比较亮当然是要来这里找啊！"

这又是一个"在错误的地方找正确的答案"的例子，每个男人都要警醒，自己是不是也时常犯这样的错误。

天地生人，有一人当有一人之业；人生在世，有一日当尽一日之勤。男人不管是为了温饱还是事业，都要勤奋努力，但更要把力使得有效率，才会见效果。男人要做正确的事，也要正确地做事。做正确的事是着眼于战略，而正确地做事，就属于用什么方法和战术，达到最佳的效果。做事努力是正确的，但

要先选对目标。选对目标再努力，否则越努力离目标就越远了。所以，先要做正确的事，然后才能正确地做事。

年轻的男人血气方刚，为了出人头地可以"抛头颅，洒热血"，在激情澎湃时，也要时时提醒自己，永远不要在错误的地方找正确的答案。选对目标，正确地努力，你需要做到以下几点。

男人在做任何事情时都要找到最适合自己的目标。目标对你的行动具有约束的作用，让你不会在人生的旅途中"越轨"。在特定阶段，目标不要定得过高，不易实现的目标会不断地让你感到挫折和绝望。目标太易实现也不好，不利于你快速成长，不能形成有效的挑战力。

提炼做事的方法。方法是男人办事最锋利的武器，每个人每天的时间都是一样的，并非每个成功的人每天都比别人多几个小时，关键在于要用最有效的方法解决问题，更能节约时间。

如船锚一样，要发挥作用要先埋没自己。二十几岁的男人在工作岗位和做事过程中多扮演着配角，要处理很多无足轻重的小事。面对枯燥的工作，依然要从头到尾坚持不懈。在忍耐中重复创造了许多伟人的成功，埋头苦干，咬牙坚持，这往往决定了你日后成就的高度。

给自己树立最适合的竞争对手。没有竞争对手你永远不知道你的加速度是多少，不知道你该怎样奔跑。无敌最寂寞，所以，一定要找到你的对手。

做最会努力的人。如果你想比别人优秀，你就要比别人付出更多的努力。不要怀疑自己的智力，根据科学家的测试，中国人的平均智商是93.5，美国人的平均智商是83.5，美国前总统小布什的智商是78，但他总说自己是80，要知道，你再差也比美国前总统还聪明，之所以没成功，肯定是努力得还不够。

拥有更多的资源。人生的风浪不是靠自己搏击才精彩的，莽夫只会迎着大浪任其拍打，而智者则懂得利用自己手中的资源，制造方便，借力行事。男人所掌握的共同资源越多，拥有稀有资源的机会就越大。丹麦国宴，总统的位子被排在第16位，有个记者不理解，问为什么不把总统排在第一位，前面的15位坐的是谁？回答说，前面的15位是科学家，他们在国内的地位是无可替代的，是我们国家的宝贵财富，而总统我们随时都可以选出来。

达到目标的路并非只有一条

在男人拼搏的坎坷道路上，为了达到目标，暂时走一段与理想"错位"的路，有时正是智慧的表现。

我们常赞叹某个男人依靠百折不挠的信念与命运搏击，取得别人难以企及的成就。但只凭这套生存哲学，便欲强渡人生所有的关卡显然是不可能的。一往无前的精神虽然可佩，也是堂堂男子汉必备的素质，但如果在你和目标之间，只是一片陡峭的山壁，没有可以攀缘的路径时，更明智的做法是换一个方向，绕道而行。

在男人拼搏的坎坷道路上，为了达到目标，暂时走一段与理想"错位"的路，有时正是智慧的表现。成功原本就没有几条便捷的直达路径，如若你把它想得一直到底，致使思维僵硬，想要跨越生命中的障碍，达到某种程度的突破，不会是一件易事。

有一只蜻蜓在夏天的午后飞进了教室里，悠闲地转悠了一会儿后，它想要飞出去享受大自然的美景，却怎么也找不到出去的路。它焦急拼命地飞向玻璃窗，打算飞到那海阔天空的地方去。它看准了透过玻璃窗照进来的那一片光明，百折不挠地飞过去，但每次都重重地碰到玻璃上，致使自己必须在上面挣扎好久，才恢复神智。然后，它在房间里绕上一圈，再鼓起勇气，仍然朝玻璃窗飞去，当然，它还是"碰壁而回"。

令人可悲的是教室的门就在窗户的旁边，因为只看到了窗户的光亮，蜻蜓就不想去试试那个门是否可以让自己安然通过。

对于光明的追求是多数生物的天性。它们不管怎样遭受失败或挫折，总还是坚决地朝向光明的地方去奋斗。这就如年轻的男人都具有远大的志向和预想出人头地时一样的冲劲。但是，当我们看见碰壁而回的蜻蜓的时候，却不禁想要告诉它：我们有时为了达到目标，是应该换一个看来较为遥远、较为无望的方向的；否则，你就只好永远在尝试与失败之间兜圈子，直到你完全铩羽而归。

在现实生活中，有的男人正如蜻蜓一样，有着一种执拗劲，不达目的誓不罢休，但最后却只能落得个会逞匹夫之勇的口碑，和那只固执的蜻蜓一样在人生和事业的征途上屡屡碰壁。不懂迂回，一条路跑到黑，这是许多年轻的男人拼搏良久仍未取得战果的症结。

男人在做事的过程中，头脑打开一厘米，前面的路也许就会宽阔很多。同样的一件事情，采取不同的处理方法会获得截然不同的结果。有时直截了当不见得管用，迂回包抄常见奇功。迂回，并不是因为你怯懦，而是为了更有效地解决问题。

有这样一个有关"焦点访谈"题词的真实故事，正说明了迂回办事的妙处。

在朱镕基总理视察中央电视台的前一天，中央电视台的有关领导告诉节目主持人敬一丹：明天，朱总理来视察的时候，你要想办法得到朱总理的题词。敬一丹听了既感到欣喜，又感到有些为难：我怎么向朱总理提出这个请求呢？

第二天，朱总理在有关领导的陪同下，来到中央电视台。他走进"焦点访谈"节目组演播室，在场的所有人都起立鼓掌，气氛一下子热烈起来。

朱总理跟大家相互问好之后，坐到主持人常坐的位置上，大家簇拥在他的周围，七嘴八舌、争先恐后地与朱总理交谈。一位编导说："在有魅力的人身上，总有一个场，以前我听别人这样说过。我看您身上就有这样一个场。"朱总理不置可否地笑了。演播室里的气氛更加活跃、和谐，敬一丹感觉这是一个好时机，一个很短暂的、稍纵即逝的时机。于是走到朱总理面前说："总理，今天演播室里聚集在您身边的这二十几个人只是'焦点访谈'节目组的十分之一。"总理听了这话，说："你们这么多人啊？"敬一丹接着说："是的，他们大多数都在外地为采访而奔波，非常辛苦。他们也非常想到这里来，想跟您有一个直接的交流。但他们以工作为重，今天没能到这里来。您能不能给他们留句话？"敬一丹说得非常诚恳，而且非常婉转，然后把纸和笔恭恭敬敬地递到朱总理面前。总理看一下敬一丹，笑了，接过纸和笔，欣然命笔，写下"舆论监督，群众喉舌，政府镜鉴，改革尖兵"16个字。朱总理写完，全场响起一片热烈的掌声。

敬一丹的迂回策略的确运用恰当，可圈可点。请求题词，先把在外"四处奔波""非常辛苦"的记者抬出来，在感情和道义上绕好了一个让人不宜也不忍拒绝的"套子"，另外，语气曲折委婉，表述又贴切诚恳，终于如愿以偿。可见，走直线走不通的时候，走曲线可能更容易达到目标。

这里还有一则"迂回求助"的故事。

有个人第一次去巴黎旅游。到巴黎后，他叫了辆出租汽车来到了一家旅馆，在那儿租好房间，换好衣服，就去逛大街了。路上，他顺路拐进一家电报局，给妻子发了一份电报，并告知自己在巴黎的住址。

这一天他去了许多地方，参观了几家博物馆，还进出各大商场，晚上又去了戏院。看完演出后，他决定回旅馆休息，可是却忘记了那家旅馆地址。于是他又来到电报局，给妻子发出第二份电报："速回电，告诉我在巴黎的住址。"

哲人说，两点之间最短的距离并不一定是直线。学会迂回，学会曲径通幽是男人做事的大智慧。只要我们心中不迷失理想的方向，就算多兜几个圈子，也不算错误。

法国作家勒农的话给二十几岁的男人深刻的启迪："你不要着急！我们所走的路是一条盘旋曲折的山路，要拐许多弯，兜许多圈子，时常我们觉得好似背向着目标，其实，我们总是越来越接近目标。"

年轻的男人走在充满压力、竞争又拥挤且存有陷阱的"出人头地"的路

上，时常必须把目标牢记心中，而不是时时挂在眼前。耐心地去披荆斩棘、铺路修桥，在尝试很多条看来非常晦暗无望的道路之后，再左拐又拐后看见柳暗花明的新村，发现距离自己的目标更近了一点。这是人生的常态，不是人生的无奈。

变通是对男人思维的考验

男人做事情时如果只会做"规定动作"，而不能突破自我、超越别人，就难以在激烈的角逐中夺魁。

人们常说，站在巨人的肩膀上更容易获得成功。有时候，男人沿袭成功者的老路，在吸取经验的同时，也难免陷入思维的牢笼，长期按"一定之规"考虑问题，很少进行创新思考。不仅很难摆脱和突破思维定式的束缚，更不会懂得变通的力量。

在竞争中，如果做什么事情只会做"规定动作"，而不能突破自我、超越别人，就难以在激烈的角逐中夺魁。这个世界对只知道遵守规则的人来说，到处都是难以跨越的鸿沟，处处都有无法突破的阻力。只有善于思考、巧于变通的人才是有创造能力的人，对善于变通、思考的人来说处处都充满了机会。

一个人之所以能够迈出众人的行列，一半在于他的努力与智慧，一半在于他恰逢时机地打破了常规。如果你在一个偶然的或者必然的场合，采取某种方法或手段，恰当地显示出自己的思想、能力和才干，你就会出之于众，你就会赢得别人的关注。

一天清晨，身材矮小、相貌平平的青年卡纳奇来到办公室的时候，发现一辆被毁的车身阻塞了铁路线，使得该区段的运输陷于混乱与瘫痪。而最糟的是，他的上司、该段段长司哥特又不在现场。

作为当时还是一个送信的仆役，卡纳奇面对这样非自己本职的事情该怎

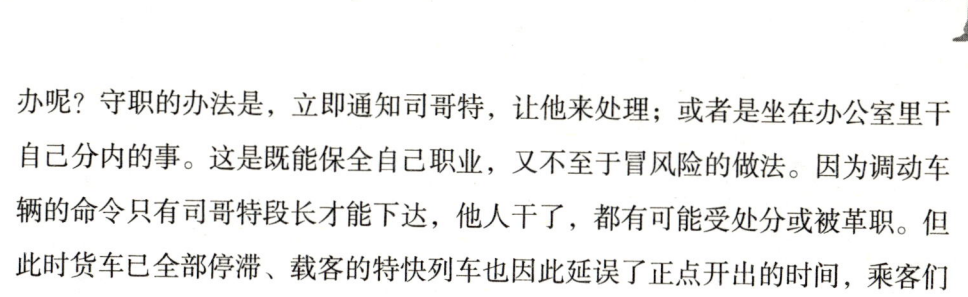

办呢？守职的办法是，立即通知司哥特，让他来处理；或者是坐在办公室里干自己分内的事。这是既能保全自己职业，又不至于冒风险的做法。因为调动车辆的命令只有司哥特段长才能下达，他人干了，都有可能受处分或被革职。但此时货车已全部停滞、载客的特快列车也因此延误了正点开出的时间，乘客们十分焦急。

经过认真、反复思考后，卡纳奇将自己的职业与名声弃之一边，他破坏了铁路最严格的规则中的一条，果断地处理了调车领导的电报，并在电文下面签上司哥特的名字。当段长司哥特来到现场时，所有客货车辆均已疏通，所有的事情都有条不紊地进行着。他先是一惊，终于一句话也没有说。

事后，卡纳奇从旁人口中得知司哥特对于这一意外事件的处理感到非常满意，他由衷地感谢卡纳奇在关键时刻的果敢、正确行为。

这件事对貌不惊人甚至有点丑陋的卡纳奇来说是一个关系终生的转折点。此后，他便被提升为段长。

在现实中，因为一些习惯、规则的存在，遵守规则便成为一种生活习惯，这种生活习惯在发明创新上会变成一种阻碍、一道心理枷锁，阻碍着人们突破常规思维，开创新的人生天地。善于变通的人，勇于向一切规则挑战，敢于突破常规，因而他们也往往可以赢得他人所无法得到的胜利。

因循守旧、不知变通是无论如何都行不通的。失败者是因为他们墨守成规、不会变通，从而把自己的路堵死。做事变通而不逆反常规，灵活而不违背原则，这样就能符合时代的变迁和社会的发展。

今天，"思路决定出路，思维左右命运"的理念被喊得越来越响。不同的男人思维不同，他们脚下的路就不同。善于在坚持中变通，发散性去想问题，就会取得非同一般的成效。

在这个世界上，从来没有绝对的失败，有时只需稍微调整一下思路，转变一下视角就能解决问题。

里美的名字在美国空军中赫赫有名，他是美国战略空军的缔造人之一。对

西点学员来说，更是学习的楷模。

在第二次世界大战期间，里美奉命参加了太平洋战区对日本的作战。当时，身为指挥将军的他领导的是当时美国最先进的飞机——B-29高空轰炸机。这种飞机性能极为优越，当然，造价也是十分昂贵的。因此，美国空军司令部要求里美及其士兵要像爱护眼睛一样爱护每一架飞机。并声称，每损失一架B-29，空军司令部都要做特别调查，严惩肇事者。

如此先进的高空轰炸机，应该在战场上唱主角，充当尖刀。但是效果却不尽如人意，正如有些飞行员不无讽刺地说："B-29可以击中任何地方，可就是击不中目标。"原因是飞机自身存在着一些严重的技术问题。里美看到了这一情况，陷入了深深的思考之中。在广泛听取了作战人员和一些专家的建议后，他果断地做出决定。他命令飞机做出一些改动，从而减少了一些装备和人员，以便装载更多的弹药。他还做出了一个让内行大吃一惊的决定：命令飞机飞行高度不得超过7500英尺，把高空轰炸机变成了低空轰炸机。

此命令一出，里美面临着更大的压力。美国空军部部长艾德诺在电话中甚至气愤地说："我们花了大笔经费制造出的高空轰炸机和先进的自卫系统将被你的一道命令毁于一旦，你这是拿飞行员的生命开玩笑，是违背命令。如果你一意孤行，我会考虑撤换你的职务。"

里美没有改变自己的决定，他要让事实说话。

事实证明，里美是正确的，低空轰炸机能准确地炸到目标而不是其他任何地方。里美的战术获得了巨大的成功。

男人要想取得一番伟业，就需要有打破常规的智能与勇气。生命中总是充满着无数的未知，墨守成规、按部就班不是一种屡试不爽的生存哲学，学会变通是跨越生命障碍走向成熟的重要一步。变通是一门艺术，更是一门学问。

日本北海道冬季严寒，积雪的时期长达4个月。积雪对农作物而言，固然有防虫与防寒等好处，但如果积雪期太久，将影响农民播种的时间。

铲除积雪，得花大钱；等阳光来融雪，天公常又不作美。农民只好撒泥土

来融解积雪，但泥土太重，融雪的效果也不好。所以，几十年来，积雪的问题一直困扰着北海道的农民。

有一天，一个老农夫试着把炉中的黑灰撒在积雪上，没想到，效果非常好，一举解决了数十年的难题。

黑灰不但较泥土易于搬动，而且热度高，融雪的效果数倍于泥土，再说移出黑灰，等于把火炉清扫干净，真是一举三得。

男人在做事时要懂得一切从实际出发，根据实际情况及时变通思维，开拓思路，寻找最合适的解决问题的方法。思考是一种深层次的磨砺，换一种思维，往往使男人在做事情时发现峰回路转的契机。

以退为进是对男人智慧的考量

生活是一门学问，其中最难掌握的恐怕就是进退之间的尺度，人生中的抉择往往是进退的抉择。

在骑车赶路时，也许你会有这样的体会：碰到一个陡坡，实在挺不过去，干脆停下来，退一步甚至几步，歇息一下，调整调整，鼓足劲，再行冲刺，往往一蹴而就。还有我们在跳远的时候，总是先弯一下腿，不要小瞧这个弯腿的动作，它是为了让你跳得更远。这时的后退，不是怯懦、不是放弃，只是为了更好地前进。

对有心的男人来说，现实生活中的一些行为都折射出深刻的道理。如果你曾经观察过农夫在田中插秧苗的情景，你就会发现，他们都是躬着身子，一步一步向后倒退着插的。从行动上看，农夫的脚步是向后不断退让；但从结果上看，却是一步步前进，秧苗最终插满了整个农田。以退为进，似退实进，做事的道理有时就是这么高明。

兵法中也有"以退为进"的作战策略。其实，在日常生活中，我们仍是需

要这种敢于退的精神。不退是执着，而退则是另一种变相前进执着。并没有人告诉你，凡是选择后退的人就彻底放弃了前进，很多时候，后退只是暂时的，是为了积蓄力量，更好地出发。

汉代公孙弘年轻时家贫，后来贵为丞相，但生活依然十分俭朴，吃饭只有一个荤菜，睡觉只盖普通棉被。就因为这样，大臣汲黯向汉武帝参了他一本，批评公孙弘位列三公，有相当可观的俸禄，却只盖普通棉被，实质上是使诈以沽名钓誉，目的是骗取俭朴清廉的美名。

汉武帝便问公孙弘："汲黯所说的都是事实吗？"公孙弘回答道："汲黯说得一点没错。满朝大臣中，他与我交情最好，也最了解我。今天他当着众人的面指责我，正是切中了我的要害。我位列三公而只盖普通棉被，生活水准和普通百姓一样，确实是故意装得清廉以沽名钓誉。如果不是汲黯忠心耿耿，陛下怎么会听到对我的这种批评呢？"汉武帝听了公孙弘的这一番话，反而觉得他为人谦让，更加尊重他了。

公孙弘面对汲黯的指责和汉武帝的询问，一句也不辩解，并全都承认，这是何等智慧呀！汲黯指责他"使诈以沽名钓誉"，无论他如何辩解，旁观者都已先入为主地认为他也许在继续"使诈"。公孙弘深知这个指责的分量，采取了十分高明的一招，不做任何辩解，承认自己沽名钓誉。这其实表明自己至少"现在没有使诈"。由于"现在没有使诈"被指责者及旁观者都认可了，也就减轻了罪名的分量。公孙弘的高明之处，还在于对指责自己的人大加赞扬，认为他是"忠心耿耿"。这样一来，便给皇帝及同僚们这样的印象：公孙弘确实是"宰相肚里能撑船"。既然众人有了这样的心态，那么公孙弘就用不着去辩解"沽名钓誉"了，因为这不是什么政治野心，对皇帝构不成威胁，对同僚构不成伤害，只是个人对清名的一种癖好，无伤大雅。

生活是一门学问，其中最难掌握的恐怕就是进退之间的尺度，人生中的抉择往往是进退的抉择。只要我们细心品味，就会发现人生并不是任何时候都要一往直前，而是应在关键时刻运用以退为进的策略和智慧。这个社会什么都会发生，不会永远有百分百成功的事情。少说多做不是什么坏事，"唱高调"的人永远都会有，但"高调"总有一天会收场，有比较才有看点，高调者的倒下往往就是实干者新的开始，看似退了一步，往往能进两步。

为了"进"，人们常常会不顾一切地拼命向前冲，因为他们认为只有风雨兼程、永不停息地往前赶才是一种"进"，才能达到目标，才能取得胜利。然而，有时候我们需要"停下来"或者"退几步"，好让自己更好地"进"。以退为进，不是软弱，而是静心地思考，以智慧博取成功。

一天，在一个画廊里发生了这样一件事。

英国画商鲁迪看中了印度人带来的三幅画，标价为250美元，鲁迪不愿出此价钱，于是唇枪舌剑，谁也不肯退一步，谈判进入了僵局。那位印度人恼火了，怒气冲冲地当着鲁迪的面把其中一幅画烧了。鲁迪看到这么好的画被烧了，当然感到十分可惜。他问印度人剩下的两幅画愿卖多少钱，回答还是250美元。鲁迪见画商毫不退让，又拒绝了这个价格，这位印度人把心一横，又烧掉了其中一幅画。鲁迪只好乞求他千万别再烧这最后一幅。当他再次询问这位印度人愿卖多少钱时，卖者说道："最后一幅画能与三幅画是一样的价钱吗？"结果，这位印度人手中的最后一幅画竟以600美元的价格拍板成交。

这位聪明的印度画商并没有向鲁迪强行推销，抬高价格，而是先烧掉两幅画，求得物以稀为贵。他采用了"以退为进"的战略，让聪明的鲁迪甘愿出高价购买珍藏。

还有这样一个以退为进的故事。

有一位留美的计算机博士，毕业后在美国找工作，好多家公司都不录用他，思来想去，他决定收起所有的学历证明，以一种"最低身份"去求职。不久他被一家公司录用为程序输入员，但他仍干得一丝不苟。不久，老板发现他能看出程序中的错误，非一般的程序输入员可比，这时他才拿出学士证书，老板给他换了个与大学毕业生相当的工作。过了一段时间，老板发现他时常能提出许多独到的有价值的建议，这时，他又拿出了硕士证书，老板见后又提升了

他。又过了一段时间，老板觉得他还是与别人不一样，就对他"质询"，此时他才拿出了博士证书。老板对他的水平已有了全面的认识，毫不犹豫地重用了他。

男人不怕被人看不起，不怕起点低，怕的恰恰是人家把你看高了。做事时退让一步，以低姿态应对，你可以避免别人对你工于心计，寻找机会全面地展现自己的才华，让别人一次又一次地对你"刮目相看"。如果一味逞能，无故抬高自己，刚开始让人觉得你多么了不起，对你寄予了种种厚望，可你随后的表现让人一次又一次地失望，结果是越来越让人失望。

以退为进，由低到高，这是男人拼搏职场、自我表现的一种艺术，一种智慧，更是一种策略。有时候，追求得太迫切、太执着只能徒增烦恼，以退为进往往更见成效。

第7章

男人存有心机，不攻敌也可以防身

"弹簧"做人，游刃有余

做男人有弹性是一剂妙方，在能屈能伸中自如地描绘人生。

实实在在做人是富于弹性的，需要涉世未深的男人在实际中去体会、在现实中去感悟。倘若一直以宁折不弯的性情处事，可能会处处碰壁。所谓的"弹簧"做人，是指男人涉世能屈能伸、能曲能直的能力。如弹簧一样具有弹性的男人，即使在年轻时遭遇不幸或困境；即使心情糟糕、悲伤，仍会化悲愤为力量，积极面对挑战，尽快让自己恢复正常。具有弹性的男人，往往拥有乐观的态度和坚韧的精神，能游刃有余地面对人生，就算失败也不轻言放弃，而是耐心等待东山再起的机会。

男人要像弹簧一样，由于外力的作用能呈现出各种不同的态势，但是，一定要坚持自己最原始的秉性，这样才能在外力消失的情况下，立即恢复原状，维持自己的本来面貌。因此，弹性越大的男人，越不容易受到外力影响，越能保有自我。

在现实生活中，男人承受着来自各方面的压力，重担在身难免有无法承受之时。这时，你要像雪松一样弯下身来，释下重负，才能够重新挺拔，避免被压断的遭遇。弯曲，并不是垂头丧气或承认失败，而是如弹簧般做人，演绎游刃有余的生存艺术。

战国时期著名的军事家孙膑有个师弟叫庞涓，两个人都拜在一代宗师鬼谷子门下学习。

庞涓为官心切，于是先拜别恩师下山到魏国当军师了。后来魏王听说孙膑

的本事更大，就命庞涓将他请来。庞涓心里清楚孙膑才能在自己之上，如果是他在魏国，自己的位置迟早要拱手让给他。于是他就假冒孙膑兄长之名，给孙膑写了封家书，勾起孙膑思乡的念头，自己又拿孙膑的回信去魏王那里诬告。

魏王轻信了庞涓的话，把孙膑交给庞涓发落。于是庞涓残忍地削掉了孙膑的膝盖，并在孙膑的脸上刺了字，孙膑知道自己处境危险，便开始装疯卖傻。他好房子不住，却住到猪圈里，不吃送来的好饭菜，却吃猪粪。结果庞涓信以为真，对他放松了警惕。孙膑得到当时墨子门徒禽滑釐的帮助，终于忍辱负重，保全了性命，回到故乡，后来打败庞涓，迫使庞涓自刎，报了削膑、刺字之仇。

孙膑便是如弹簧般做人的高手，他怀抱美好理想，拥有一颗坚定的心，在与庞涓的明争暗斗中如弹簧一般，当对手强过自己的时候，甘愿"屈服"，而当自己积蓄的力量超过对手时便毫不犹豫地给予其致命一击，最终他利用这种弹性而获取了胜利。

男人的人生如一段旅途，尤其在你二十多岁——旅途开始的时分。可能每个机遇的站台都挤满了人，当你刚踏上这趟列车时，首要便是找到立足之地。短途的旅客多站在门口，安于现状的旅客挤在车厢中挥汗如雨，却不肯移动，深怕连落脚之处都失去了，只有极少数人能找到座位，因为他们如弹簧一般，能屈能伸。刘邦便是这样一个"找到座位"的乘客。

在刘邦进入咸阳城后，以"关中王"自居，准备就此住下，享受生活。在周围人的劝告下，刘邦将军队撤退到了灞上，召集当地的名士，约法三章：杀人者死，伤人及盗抵罪。其他秦朝的苛刻法制一律废除。这使他得到了民心。

项羽在打败章邯后，也领兵直奔关中，争夺天下。等他到了函谷关，见刘邦不但已平定关中，还派兵驻守函谷关，不由大怒，立即命令英布领兵攻下了函谷关，然后领兵四十万直奔咸阳，驻扎在戏下。

这时的刘邦在兵力上无法与项羽抗衡，他只有十万军队，不可能战胜项羽的四十万精兵。于是，刘邦使用张良的计策，赶紧去拜会项伯，表明自己没有

野心和项羽争夺王位，并设盛宴招待项伯，还和他约定为亲家。

当天夜里项伯就返回军营对项羽声明刘邦是没有野心之人。项羽听了，便决定不再进攻刘邦。隔天，刘邦来到了项羽的军营，当面向迎接他的项羽赔礼道歉。鸿门宴之后，项羽便领兵西进，进入咸阳。火烧阿房宫后，项羽分封各路将军为王，刘邦被封为汉王。项羽自己为西楚霸王，掌握军队最高统帅权。

刘邦无可奈何，只好接受册封，刘邦在回自己封地的途中，把入蜀的栈道都烧了，表示自己无意向东扩张，也防备别人偷袭。在这里，刘邦得到了大将军韩信，于是，韩信建议"暗度陈仓"帮助刘邦打败了章王，也打败了西楚霸王项羽。

试想，如果刘邦不能像弹簧般做人，一味地争取自己的势力而拒绝项羽的册封，那当时更为强大的项羽便会以"欺君之罪"将其处死，而中华民族何其绚烂的历史便要因此改变。很显然，刘邦的这种弹性让步是明智的，也正如此，才成就了他的一代霸业。

人生在世，不如意之事十有八九，尤其是在当今竞争激烈的社会中，男人从二十多岁开始就被各种有形无形的压力推挤着，碾压着。因此，更要学会如弹簧般做人，常保持明朗健康的心态，不为一己之利而伤及他人或破坏自己的大计。

男人像弹簧般做人，凡事要善于转一个弯看待，退一步思考，遇事能多方考量，以大局为重，忍一时之不快，这些都能练就你独特的魅力，铺就你成功的捷径。当你如此试过之后，便会发现，弹性确实是一剂妙方，可以游刃有余地处理所有问题。

把握时机，要有心机

每个人的一生中，幸运的女神都来敲过门，只是有些人躲在屋里没有听见！

第7章 男人存有心机，不攻敌也可以防身

很多涉世之初的二十多岁男人常常感叹："我何尝不想大展鸿图，但遇不到时机啊！"时机真的很难遇到、很难把握吗？其实不然。在当下复杂多变的时代，让你大展鸿图的时机比比皆是，每个男人都面临着很多机会，而你所面临的每一次体验都是宝贵的机遇，从过去到现在的每一瞬间，机会都在你身边不断涌现。把握时机、迎接机遇需要的是积极的行动和敏锐的心机，因为时机常披着隐蔽的面纱匍匐在你的身边。

时机如潺潺流水，如丝如缕，如歌如风。男人把握住时机，犹如截流引源，置身于顺风顺水之中，摇曳轻舟，顺势而下，浮游万里，轻松收获成功；男人把握住时机，终结空泛的思绪，付诸行动，探寻自我、实践自我、肯定自我，才能让成功之树常青；男人把握住时机，犹如幼苗在甘露的滋润下茁壮成长，春华秋实，硕果累累。善于把握时机、创造机会的男人，尽管他的人生旅途充满艰险阻挠，但终会行至理想的彼岸。

一次，林语堂先生被邀请参加某先生宴请美国著名作家赛珍珠女士的晚宴，于是林语堂先生就请求主人把他的席次排在赛珍珠的旁边。晚宴席间，赛珍珠知道席上多位是中国作家，便说："各位何不以新作供美国出版界印行？本人愿为介绍。"

当时席上之人多以为这是一种敷衍的说词而已，并没有放在心上。唯独林语堂先生当场一口答应，回家之后用了两天的时间，搜集齐他发表于中国的英文小品，将其集结成册，并送于赛珍珠，请之赐教。赛珍珠因此对林语堂先生印象极佳，此后其尽全力帮助他打开美国市场，助他成功。

据悉，当日席中客还有吴经熊、温源宁、全增嘏等先生，就英文造诣而言，均不下于林语堂先生，如果他们把握住当时的时机，则成就并不会在林语堂先生之下。

林语堂先生的成功，固然要靠天才的能力和勤奋的写作，但他善于把握时机，不退缩、不犹豫，有尝试的勇气和实践的决心，这也缔造了他的成功。所以说，男人的成功看似在于一个很偶然的时机，但要把握这个时机并充分利

用，则需有洞察一切的心机。

在你的生活中，尤其是二十多岁的时候，时机真的比比皆是，关键在于你是否会发现和利用它们，正如"弱者等待机会，强者创造机会"。身为男人，你可以在努力拼搏中把握时机，你可以在别人等待时努力地创造时机。当你胸怀大志寻找时机时，就会发现时机就是你自己手中那把开启成功大门的钥匙。

斯皮尔博格是世上最成功的制片人之一，影史上十大最卖座的影片当中，他个人的作品就占据了四部。在他十二三岁时就有了成为电影导演的念头，而他的一生也因为17岁时参观环球电影制片厂而改变。那时他没有随随便便地参观，而是认真窥视了全貌，并偷偷观看了一场电影的实际拍摄后，想清楚该怎么做后才离开。

对许多人而言，可能一切就戛然而止了。但斯皮尔博格不一样，他知道自己想要什么，也知道需要用积极行动来实现一切。

于是，隔天他穿上了爸爸的衣服，带上了公文包，假装成工作人员进入了制片厂。然后利用整个夏天的时间去认识各个导演、编剧、剪辑师，终日流连于他梦寐以求的电影世界中。在这不断学习的过程中，学习、观察并迸发出越来越多的电影制作灵感来。

终于，在他20岁的时候，成为了一名正式的电影工作者，他的梦想实现了。

正是斯皮尔博格勇敢地创造时机、迎接时机，才为自己铸造了迈向成功的阶梯。徘徊观望是男人成功的大敌，许多二十几岁的男人就因为没有勇气、信心而错过已经到你门前的时机。这样的话，即使时机再度来到你的门前，你仍然会因犹豫观望而让它溜走。

大多时候，成功和失败仅仅一线之隔，常常，你不经意间便跨过界线。而更多时候是你正站在这界线上却浑然不知。多少男人只需要再付出一点努力，再多一点耐心，就能把握住时机，取得成功，而这紧要关头上，你却无可奈何地放弃了。在男人的人生旅途上，特别是二十多岁时，把握时机才能让你成为最后的赢家。

立身处世，攻心为上

"投之以桃，报之以李"是男人"攻心"的投资，攻心为上自然会为你收获巨大的"效益"、取得丰厚的回报。

《孙子兵法》有云：攻城为下，攻心为上。这也是男人立身处世的智慧，特别是二十几岁的男人要学会掌握的策略，将其融会贯通后，事事会变得容易很多。世上芸芸众生，形形色色，各不相同，但每个人都是有感情的，所以，要想让人信任你，当你是朋友，最重要的就是攻心。

古往今来，大凡有成就的男人，身边都不缺乏拥护者、智囊团，而他们的成就也与这些"人才"息息相关。俗话说："得人心者得天下。"事实上，每一个二十多岁事业刚起步的男人，想要有所成就，都必须做到"得人心"。

吴起是战国时期的著名人物，他在担任魏军统帅时，与士兵同甘共苦，深得人心，颇受士兵爱戴。

一次战场上有位士兵的身上长了脓疮，而吴起为了给他治病竟然用嘴亲自给他吸吮脓血，因此，感动了全军上下。但这个士兵的母亲在得知此事后却哭了，有人问道："你的儿子不过一介小卒，竟得将军帮他吸脓疮，你哭什么呢？这是你家的福分哪！"这位母亲哭诉道："这分明是让我儿子为他卖命啊。想当初吴将军也曾为孩子的父亲吸脓血，结果打仗时，他父亲格外卖力，冲锋在前，终于战死沙场；现在他又这样对待我的儿子，看来我儿子也活不长了！"

用嘴吸脓血这事，父子之间尚且难以做到，而吴起却一而再，再而三地去做，如此待人的统帅，怎么会没有士兵为他尽心竭力、誓死效忠呢！

"人非草木，孰能无情"，人是世上感情最丰富、最敏感的动物，这也就说明在人际交往中存在很多剪不断、理还乱的情感牵连。若你想在人群中举重若轻、游刃有余，凡事得有贵人相助，"攻心为上"将助你一臂之力。一旦得到他人认同，为人处世势必如流水般顺畅自若。真心待人、真诚帮人、"以真

情换民心"一定会有回报的，甚至还会有更多意想不到的惊喜。

格兰仕集团的创始人是梁庆德就是个善于攻心的高手。

1994年，他看着在汪洋中为了抢救集团财产而奋不顾身的格兰仕人，郑重地说"万一真的不行了，一定要保住所有的人，所有员工的安全才是最重要的！"

在集团经历第一次改制时，员工们都觉得风险太大，不愿认购格兰仕的股份，但他却贷款买下了其他人不愿意买的股份。而当集团呈现出良好的发展态势时，他又将自己买的股份拿出一部分来分给大家。

"以人为本，情感至上，风险自己扛，利益大家享。"这就是梁庆德"攻心为上"的投资，也是所有格兰仕人愿意为他"卖命"的原因。

关键时刻保住职工的生命是梁庆德的攻心策略，投桃报李、利益共享是梁庆德的攻心手段，而这些宽容忍让、帮助同情都成为了他成功路上的垫脚石。

男人一定要心存善念，在你以诚相待的同时，别人也会真心待你。学会成为一个有心机的男人，掌握攻心的谋略，你的事业才会蒸蒸日上，你才会飞黄腾达。

"左右逢源、八面玲珑"是男人做人的一条有效的攻心方法，你身边的每个人都有自己不同的爱好与性格，想要拿捏好各类关系，就必须在"攻心"时做到知己知彼、投其所好，针对不同的人采用不同的方法。

罗斯福是美国最伟大的总统之一。而每一个拜访过罗斯福的人，都会惊讶于他的全知全能。无论是农民、劳工，还是政治人物、商业巨贾，罗斯福都能和他们相谈甚欢。这其中的原因就是他深谙"攻心"的捷径。罗斯福无论接见任何人，不管那个人地位高低、贫穷贵贱，他都会在前一晚预先阅读令对方感兴趣的谈话资料。因此，所有见过他的人，都能对他产生好感。

男人的一生漫长而曲折，荆棘和坎坷无处不在，胜败更是变幻莫测。在二十多岁的时候，欲立志成为一个成功的男人，需要将一切掌控于心，运筹帷幄，决胜千里，始终以"攻心"克敌制胜。每个人都是有感情的，情感更是渗透于人生的每个角落，正所谓："士为知己者死"。善于"攻心"的男人自然能得到人心，率万众如一人，驰骋疆场，席卷千里，常立于不败之地，在人生旅途中进退自如、游刃有余。

"难得糊涂"，实为精明

"难得糊涂"是男人退避三舍的相让、一语破的的明智、踌躇满志的进取、心安理得的精明。

"难得糊涂"是郑板桥的传世名言，也是做男人，尤其是二十几岁的男人非常难能可贵的处世态度。"难得糊涂"是男人屡经世事沧桑之后的成熟和睿智，这与不明事理的真糊涂大相径庭，它是男人大彻大悟之后精明心机的写照。

"难得糊涂"是一种领悟至极的清醒，是一种卧薪尝胆的忍耐，更是一种心中有数的豁达。做男人难得糊涂，不是与世无争的软弱无能，而是退一步海阔天空的心机；不是明哲保身的逃避退却，而是凡事让三分的气度；不是苟且偷生的迂腐牵强，而是真金不怕火炼的担当。

二十几岁的男人，聪明容易，糊涂却难。自以为是的聪明致使你自视甚高、自命不凡，渐而胆大妄为，可糊涂却能让你以身作则、严以律己而宽大为怀；自诩清高的聪明致使你钩心斗角、尔虞我诈而好高骛远，可糊涂却能让你心平气和、处之泰然而知足常乐；唯我独尊的聪明致使你花天酒地、纸醉金迷而坐享其成，可糊涂却能让你自强不息、知难而进并勇往直前。

民国时期的大军阀张作霖，因其强烈主张抵御日本侵略而深得人心。

一次他出席一场名流集会。席间，有几位日本人突然声称，久仰张大帅文武双全，请即席赏幅字画。张作霖明知这是故意刁难，但在大庭广众之下，"盛情"难却，于是答应下来，吩咐笔墨伺候。

只见他潇洒地踱到桌前，在满幅宣纸上，大笔一挥，写就了一个"虎"字，然后得意地写上落款"张作霖手黑"，印上朱印，掷笔而起。那几个日本人面对题字，一时丈二和尚摸不着头脑，面面相觑。

张作霖身边的秘书一眼发现了纰漏，"手墨"怎么写成了"手黑"？他连忙贴近张作霖低语道："大帅，您写的'墨'字下面少了个'土'，'手墨'变成了'手黑'。"张作霖一瞧，不由得一愣，怎么把"墨"字写成"黑"了。如果当众更正，以后在这群日本人面前恐怕都抬不起头了。

于是，张作霖眉梢一动，故意装糊涂地呵斥秘书道："我还不晓得这'墨'字下面有个'土'？因为这是日本人向我索要的东西，就是不能带'土'。这才叫'寸土不让'嘛！"语音刚落，满堂喝彩欢呼。那几个日本人也才领悟到张作霖不好惹，他们越想越没趣，只好悻悻退场了。

张作霖在自己写错字的情况下，并没有大乱方寸，而是将错就错，巧妙地暗示大家他是故意写错的，因为对日本的侵略他寸土不让。这样一来，本来已经出错的张作霖揣着聪明装糊涂，不但避免了尴尬，还体现了他的民族气节。难得糊涂是男人的一种大智，能给自己一个假面隐藏精明的心机。

"难得糊涂"是男人必须要具备的一种很高的精神境界，特别是涉世未深的二十几岁男人，谈笑间淡泊名利和恩怨，把那些苦痛、伤害深埋于心间。在夜深人静、远离人群的时候自己悄悄去舔流血的伤口，而当太阳再次升起的时候，面对世界的仍然是灿烂的笑脸，一如既往，不曾改变。"难得糊涂"体现的是男人隐藏着的智慧而不是无能；相反，它彰显的是男人未曾被启动的潜能。

某天深夜，一个犹太人带了一笔钱行走在回家的路上。突然一个蒙面大汉出现在没有路灯的巷子，并用手枪顶住了他的前额，凶狠地说："把身上所有的钱都交出来。"

犹太人看着漆黑的枪口，装作浑身发抖的样子，战战兢兢地说："我是有点钱，可全是上司的，帮个忙吧，在我帽子上打两枪，我回去好交代。"

蒙面大汉没有说话，直接把他的帽子接过去打了两枪。

犹太人又央求再朝他的裤脚打两枪，"这样就更逼真了，上司不会不相信了。"

蒙面大汉不耐烦地拉起裤脚打了几枪。

犹太人又说："请再朝衣襟上打几个洞吧。"

蒙面大汉骂道："你这个胆小鬼，真是的……"

蒙面大汉扣着扳机，但不见枪响。犹太人一看，知道子弹没了，便飞也似的跑了。

男人的一生中难免会遭遇这样或那样的危险，但只要你在镇定中糊涂面对，就有可能化险为夷。男人需要糊涂，但不能经常糊涂。男人适当糊涂是高瞻远瞩的见识，而不会在意蛊惑短视的计较；是高风亮节的鲜明，而不会再有心如死水的黯然；是眼观四路、心晓八方的敏锐，而不会用鼠目寸光的视角看天下。

难得糊涂是男人一种精明的悟性和心机。正是因为顿悟的男人少，于是在男人二十多岁的成长历程中才有了渐悟。从精明于世到"糊涂"一时是一种选择，意味着必须要有所放弃。对绝大多数男人来说，放弃是一个痛苦的过程，更何况是二十多岁的时候，无论是金钱还是地位，你都希望兼得，以便为自己未来的征程领航。但是只有经过一番艰难的洗涤、磨炼之后，才能够使自己的灵性得到升华，正因如此才谓之"难得"，正因如此这糊涂中才绽放着精明的光芒。

深藏不露，藏锋敛迹

深藏不露是男人的大智慧，正如山从不张扬，却高耸入云；海从不夸大，却包容百川。

深藏不露是男人的一种品格和风度，是男人的最佳姿态，更是二十多岁男人要修炼的一种胸襟和素养。深藏不露是男人在社会上立足的绝好姿态，不仅可以保护自己、融入社会，与人和谐相处，也可以暗中积蓄力量、于不显山不露水中成就事业。

深藏不露是男人生活的谋略，倘若过分地张扬自己、不合时宜地炫耀自己，那么无论你多么优秀都难免令人厌烦，而引来明枪暗箭的攻击。深藏不露的男人做人检点而内敛、言辞谦逊而稳重、处世平抑而低调。他们知道如此才有助于在社会竞争中藏锋敛迹，规避风头之险；有助于在自我认知上淡化优越感，以卑微之态减少嫉妒之心；有助于收剑自己的锋芒，避免祸从口出而引来唇舌之患；有助于权衡进退分寸，用淡泊之心看待世事。

东汉末年时颇具争议的人物贾诩便是一个深藏不露的男人。在初举孝廉时，在归途中不幸遇上叛变的氐族，正当氐族要处死他们时，贾诩向他们表示自己是当时威震西疆的段颎外孙，叫氐族不要加害于他。年轻的贾诩只是深藏不露，借段颎的大名恫吓对方，才使自己成功逃命。

贾诩的深藏不露更表现在其极高的择主能力。他目光远大，自然会择明君而仕，起初，贾诩忧汉室所忧，为复兴大汉而战。不久以后，他做了一个惊人的决定：投降张绣。原来贾诩认为段煨为人多疑，日后必定会对自己不利。投靠张绣之后，贾诩果真得到机会一显身手。其后，几经周折，投于曹操门下，并得以一展抱负。在魏国，贾诩得到重用，可是深藏不露的习性仍然没改。为了防止主上猜忌，他可谓费煞心思。但是，这绝对是值得的，因为贾诩活到七十七岁才善终并见证了大魏的成立。

而赤壁之战中他的举动能看出他的确是深藏不露之人。赤壁之战前，贾诩献策曹操应先安定北方，改善民生，以威服江东，但曹操不从，于是赤壁之战大败。而后，贾诩再次上疏，不过此时曹操已死，上位的是曹丕。贾诩表示应先整顿好内部，再南伐江东。可是曹丕没接纳，又受挫于江陵。这两件事上贾诩其实都做出了正确的决断，但却没坚持己见。究其原因无非因为他看出曹操、曹丕父子不过是将人才视为争霸天下的工具,不能和他们推心置腹,所以每当建议被拒绝,贾诩从不坚持己见,而让主上吃亏,经一事长一智。

贾诩处世不卑不亢,凡事深藏不露,即使认为自己的观点是正确的,能取得显著成效,也不随意卖弄,仍会遵循主上的意见,让主上在实践中发现自己的错误,这就是他于乱世中求生存的法则。这种有大智慧的男人,做事一般不显山露水,不卖弄聪明,表面上看起来很愚笨,或是没有主见、随声附和,但实际上却很聪明。

二十多岁的男人要学会深藏不露是需要足够的生活沉淀和精神修炼的。所谓"海纳百川,有容乃大",深藏不露的男人需要心胸豁达、宽容,心智超脱、大度,这是一个男人经历人生百态的历练后才能呈现的朴素风景,如此,他们才能拥有一种达观的胸怀,一种淡泊的广阔。

孔子在三千多弟子中唯独对颜回情有独钟。究其原因就是颜回不仅最聪明,而且为人深藏不露。

一次颜回在街上看到一个卖布的跟一个买布的抬杠,故意算错了账,说成"三八二十三"。颜回上去打抱不平,纠正他说是"三八二十四",可卖布的死不认账,于是和颜回到孔夫子那打赌,说如果自己算错了愿输给颜回项上人头,很有把握赢的颜回说如果自己错了愿输了自己的帽子。结果孔夫子评理说卖布的对,对这种离奇而委屈的"冤案",颜回并没有暴跳如雷,反而老老实实摘下帽子,交给了买布的。那人接过帽子,得意地走了。事后孔子才跟颜回解释如此判断的理由。

颜回最受孔子欣赏的一点正是他"愿意不夸耀自己的长处,不表白自己的功劳"的深藏不露之态,颜回从不像别的弟子一样跟孔子抬杠,让他难堪,才深得孔子喜爱,以至于在颜回早逝后,孔子白发人送走了黑发人,连连说:"天丧予,天丧予!"

深藏不露的男人才会清醒、冷静、宽容、有大气度,能平静地看待世间纷争、尔虞我诈,以一颗宁静之心待人处世。二十多岁的男人尤其要掌握这种

做人的大智慧，只有如此，你才能从容自若地面对未来的一切：成功时不骄不躁，谦虚谨慎，更进一步；失败时不畏艰险，勇敢面对，从头再来。拥有了这种大智慧的男人，做人绝不可能失败！

第8章

男人储存人脉，朋友多了路好走

当今社会，很多男人已经意识到人脉的重要性，但这并不意味着我们每个人都能轻松获得良性的人脉关系。俗话说得好，布局决定格局，格局决定结局。因此，每个男人都要明白，无论你现在从事什么工作，无论你有什么样的梦想，你若想有所成就和突破，你就必须学会与人交往。但"凡事预则立"，成功结交人脉的可能就是做足准备工作，设计出完备的结交方案，才能将人脉真正掌握在自己手中，才能不断地完善自己，才能得贵人相助，一生顺风顺水！

人情投资，处处开花

男人善于投资人情、经营交情，便会发现助你成功的贵人就在眼前。

二十多岁正是男人踏入社会，预备大显身手，体现自己能力的时候。但常常有男人抱怨说，想开创一番自己的事业，却苦于找不到合适的方向，缺乏必要的资金储备，难以取得贵人相助。殊不知，你身边就存在庞大的资源等着你发掘，那就是无数的"人情"。

善于把握、打理、培植你的人脉，就能聚集人情，得到帮助，处处开花。如此，资金、技术、渠道就无不是唾手可得，成就事业更是指日可待。纵观天下事业有成的男人，其中固然有天赋异禀、恃才傲物之辈，但更多的还是朋友遍天下、善于聚拢人气、交际广泛的能人。

二十多岁的男人很难单凭一己之力闯荡世界，即使日后功成名就，也需要凭借他人的支持和力量。但是，切不可只想着借助他人的人情，也要学会先付出自己的真心实意，送给别人一个人情，如此才会收到意想不到的回报。但凡有机会，你就应该试着播种你的人情之树。终有一天，你会看到枝繁叶茂的美好景象。

享誉世界的著名作家钱钟书先生，一生都过得都比较平和。但他在困居上海撰写《围城》的时候，日子过得十分窘迫。无奈之下，只得辞退保姆，由夫人杨绛操持家务，所谓"卷袖围裙为口忙"。那时他的学术文稿没人买，于是他写小说的动机里就多少掺进了挣钱养家的成分。一天五百字的精工细作，却又绝对不是商业性的写作速度。

正在这时，黄佐临导演排演了杨绛的四幕喜剧《称心如意》和五幕喜剧

《弄假成真》，并及时支付了酬金，才使钱钟书一家渡过了难关。时隔多年之后，黄佐临导演的女儿黄蜀芹怀揣她爸爸的一封亲笔信拜会了钱钟书，并独得钱钟书亲允，开拍了电视连续剧《围城》。钱钟书先生是个别人为他做了一点小事他一辈子都记着的人，正是黄佐临四十多年前的义助，使他在多年后得到回报——他女儿成功拍摄了当时轰动一时的《围城》。

我国一句俗话说得好，"在家靠父母，出门靠朋友"，多一个朋友多一条路，多投资一份人情多开一处花。要想赢得他人的爱，就必须学会先爱别人。每个男人都应当时刻存有乐善好施、成人之美的心思，才能为自己多储存人情，这如同"储蓄"一样。黄佐临导演在帮助钱钟书先生的时候自然不会想到他的一举竟然为他女儿带来了机会。

男人涉世之初，广建人缘方能左右逢源，以最快的速度成就理想。投资人情是男人为人处世中最基本的策略和手段，是开拓自己事业之路、逢凶化吉的灵验妙方。

战国时代有一个叫中山的小国。一次，中山国国君设宴款待国内的名士。不料当时羊肉羹不够了，无法让全场人士都喝到，其中司马子期便没有喝到，于是此人怀恨在心，前往楚国劝楚王攻打中山国。楚国是当时的强国，攻打中山国易如反掌。中山国很快被攻破了，国君逃到国外。但他逃走时发现有两个人手拿武器跟随他，便问：你们是干什么的？那两个人如实回答：曾经有一个人因获得您赐予的一盘食物而免于饿死，而他就是我们的父亲。父亲临死前嘱咐，中山国有任何变动，我们都必须竭尽全力，甚至不惜以死来保国君您的周全。

国君听后，不由感叹地说：想不到我因为一杯羊羹而亡国，却因为一盘食物而得到两位勇士。

投资人情不在于数量多少，而在于别人是否需要。只有不断地投资人情，才会赢得周围人的信任，那么当你遇到困难、需要帮助的时候，就可以利用这份信任、这笔"投资"得到他人的协助。

男人在涉世之初，二十多岁的时候，你每投资一份人情，便种下了一棵人

情之树，投资越多，种下的树就越多。所以追求成功并取得成功的男人大多都愿意助人、关心他人并善于不断培植壮大人情之树。可见，男人只有大量种植人情之树，未来才能处处开花结果，连成一片繁花似锦的成就。

善借者赢，借力是福

"借力"是男人为人处世的最高境界，是完成自己使命的有效途径。善于借力的男人才能笑到最后。

俗话说："好风凭借力，送我上青天"，二十多岁的男人倘若懂得借力而为，则是人生的一种智慧。纵观历史，但凡成大事的男人都善于借力来营造成功的局势，办成一件件看似难以完成的事情，实现自己的人生理想。

其实作为一个二十几岁的男人，如果你想成就自己的理想、拥有骄人的事业，不必样样都要胜过他人，正所谓"人无完人"，自己总会在某些方面不如别人，但这并不重要，重要的是你必须善于借力而为，诚如阿基米德所说：给我一个杠杆，我就能撬起整个地球！

涉世之初，你要想在社会上立足，一定要有心机，能把握住任何通往成功的机会；同时善于借力，顺风而上，毕竟一个人的力量是有限的，只有借力才会达到效果，如此方能到达胜利的彼岸。

善于借力的诸葛亮便利用"草船借箭"完美地完成了自己本不能够做到的事情。一次，曹操派军从水路攻打周瑜。周瑜在研究了魏军的情形后，决定用弓箭来防守，却缺少战争中用的十万支箭。

于是，他请来诸葛亮商议此事，诸葛亮却说三日内便能交付这十万支箭。事后，诸葛亮找鲁肃借了二十条船，每条船上配了三十名军士，布置好了青布幔子和草把子。第一天，诸葛亮没有任何动静；第二天，仍然如此；直到第三天四更时分，诸葛亮秘密地把鲁肃请到船里并吩咐把二十条船用绳索连接起来，朝北岸开去。

当时江上一片朦胧。天色未亮船已经靠近曹军的水寨。诸葛亮下令把船一字排开，又命船上的军士一边擂鼓，一边大声呐喊。曹操听到声响，就下令说：不要轻举妄动，朝他们放箭即可。一时间，箭好像下雨一样。诸葛亮又下令把船掉反过来，逼近曹军水寨去受箭。

天渐亮时船两边的草把子上已插满了箭。诸葛亮吩咐军士们齐声高喊："谢谢曹丞相的箭！"曹操这才知道上了当，可是诸葛亮的船顺风顺水，已经驶出二十多里，要追也来不及了。如此诸葛亮便借到了十万多支箭。周瑜也不得不佩服诸葛亮的神机妙算了。

诸葛亮借助大雾，巧妙地从曹操那里借来了十万支箭，出色演绎了何谓"善借者赢"。男人的成功不在于他拥有多少谋略和资源，而在于他是否善于充分利用这些"财富"。能机智地借助各种力量为自己服务、将别人的长处最大限度地变为己用是实现成功的捷径。无论你从事的是什么工作，只要你善于借力，就一定能够心想事成，且事半功倍地达成目的。

曾经，两个饥饿得濒临死亡的男人得到了长者的恩赐：一根鱼竿和一篓鲜活硕大的鱼。他们其中的一个人要了一篓鱼，另一个人要了一根鱼竿，而后分道扬镳。得到鱼的人在原地引燃篝火煮起了鱼，因太久没吃过东西，他狼吞虎咽，转瞬间就将鱼吃了个精光，这样的日子没过几天，鱼就被他全部吃光了。不久，他便饿死了。

而得到鱼竿的那个人，提着他的鱼竿，忍饥挨饿地朝着海的方向走了几天，当他看到湛蓝湛蓝的大海时，他用尽了浑身的力气，再也走不动了，最后只能倒在了鱼竿旁，带着对海的无限眷念告别了人间。

过了很久，又有两个饥饿的男人得到了长者同样的恩赐。但他们没像前两个男人那样各奔东西，而是用尽全力、彼此扶持共同去寻找大海。一路上，他们每次只煮一条鱼，终于，在经过艰难的跋涉后他们来到大海边。此后，二人开始了捕鱼为生的日子。

这样的生活过了几年，他们建起了自己的房子，拥有了各自的家庭和孩子、自己制造的渔船，过上了幸福的生活。

面对着长者同样的恩赐，四个人的表现却各有不同，也导致了生命不同的走向。后两个男人的幸福生活正是"借力是福"的真实写照。

男人的智慧在于拥有高远的目标却立足现实，能运用心机，借力而为，发挥双重功效，高唱获胜之歌。就像"三个臭皮匠，顶一个诸葛亮"所说，男人做人最大的心经莫过于博取和运用众人的智慧、才能，千秋伟业常常都是如此"借"来的。

一直以来便有"山外有山，人外有人"的说法。自然，借助各种智慧和力量助己成功，是男人必不可少的做人之道。一个有心机的男人会善于发现并利用他人的长处而不是嫉妒，能协调别人为自己做事，在众人力量的协助下走向成功。

处世之道，适者生存

适应是男人一生为之吟唱的歌曲、谱写的华章。适应生命中的风风雨雨，才能显现男人的本性！

男人的一生是一个不断适应的过程，对二十多岁的男人来说最重要的处世之道即为适应社会。

在男人的生命历程中适应的问题无时不在。生活不可能静如止水、波澜不惊，总会发生各种变故；生活不可能总是顺风顺水、一马平川，总会遭遇失败和挫折；生活不可能总是舒畅悠扬、无忧无虑，总会经历厄运和灾祸。当横生变故时，当遭遇失败和挫折时，当经历厄运和灾祸时，男人应对的关键便是：适者生存。

适应社会的男人是勇敢的挑战者，他们敢于接受一切。当客观现实发生变化时，他们敢于走出昨天，直面现实，接受变化。因为他们明白生活由不得自己、时光由不得自己，要生活下去，灵活处世，就必须接受生活中种种不愿接受的变化。接受和适应现实，是在心理上认同，情感上容纳；接受和适应生活，就是走出"怀旧"情结，消除负面情绪，重整旗鼓，面向未来。

一个住在美国弗吉尼亚州的农夫买下了当地的一个农场，不久便发现自己上当了。原来，这是一块既不适合种植又不适合放牧的贫瘠土地。那里除了一大片白杨树外，就是令人望而生畏的响尾蛇。

认真思索一番后，他意识到：不能把宝贵的时间浪费在毫无意义的后悔中，必须寻求办法以改变不利的现状并从中获利。后来，他想出了一个很好的方法：利用这里满山遍野的响尾蛇建设成为响尾蛇生产基地。于是，他有计划地捕捉、繁殖响尾蛇，从他养的响尾蛇中提取蛇毒，运送至各大药厂做蛇毒的血清；用响尾蛇皮以高价做出皮鞋和皮包出售；以响尾蛇肉制成罐头销往世界各地。

得益于他独一无二的眼光和坚持不懈的努力，仅仅用了几年的时间，他的生意就红火起来，不但客户络绎不绝，每年到他的农场来参观、考察的就有几万人，这个村子也因此成为远近闻名的响尾蛇村，而带动了整个村子旅游业的发展。

对男人来说，生活就是如此变幻无常，损失中隐藏着盈利，黑暗中孕育着光明，灾难中隐藏着商机。正是这个农夫勇于适应，才挖掘出了这块荒地中难得的宝藏。

二十多岁的男人每一次适应，都是对自己的严峻考验和挑战，甚至是一种撕心裂肺的整合和脱胎换骨的磨砺。男人要不断调整自己的意志、性格、能力以跟上社会发展的步伐。大千世界，芸芸众生，每一秒都在变化着，男人只有不断调整自己的状态，才能完成挑战自我、战胜自我、超越自我的适应过程。

适应社会对二十多岁的男人而言，是一种无畏的选择、奋力的拼搏、艰难的洗礼。适应是男人一生中别无选择的处世之道，勇于适应者方能生存。当外界事物发生变化时，当周围人群遭遇变故时，男人要懂得改变自己的心情、处世之道，如此才能步步为营，无往不胜。善于适应的男人并不是为了选择生活环境而去强求自己转变，而是为了适应生活环境而去获取生存的机遇。

一次，孔子到吕梁山游览，那里瀑布几十丈高，飞溅出的水花竟有数里，鱼类都几乎不能游，但他却看见一个男人在那里游泳。孔子刚开始认为他是想不开投水而死，便让学子沿着水流去救他，后来发现那男人在游了几百步之后出来了，在河堤上漫步。

孔子忙赶上去问他："刚才我看到你在那里游泳，还以为你想不开要去寻死呢，便让我的学子来救你。你却游出水面，真不可思议，我还以为你是鬼怪呢，请问你能到深水里去有什么特别的方法吗？"

那人回答说："没有，我没有方法。我起步于原来本质，成长于习性，成功于命运。水回旋，我跟着回旋进入水中；水涌出，我便跟着涌出于水面。顺从于水的活动，不自作主张。这就是我能游水的缘故。"

孔子说："什么叫作起步于原来本质，成长于习性，成功于命运？"

那人回答说："我出生在陆地，便安于陆地，这便是原来本质；从小到大都与水为伴，便安于水，这就是习性；不知道为什么却自然能够这样，这是命运。"

这就是适者生存，那男人让自己适应水流的迂回曲折，便成功了。适者生存不仅仅是一种方法，更是一种处世的智慧。

二十多岁的男人只有不断调整自己，适应社会，才能坚定自己的意志、磨炼自己的毅力、增强自己的信心、开拓自己的眼界，从而不断成长、成熟，男人的生命之歌也正是在不断的适应中谱写一个个音符。每一次酸甜苦辣、成功失败都充实了男人的内涵，丰富了男人的色彩，造就了男人的血性。

推销自己，善抬身价

男人要推销的第一个对象，就是你自己。善于推销自己，才能创造一种你能行的感觉和氛围。

学会开拓积极的人生是每个男人的必修课，尤以二十几岁的男人为重。

"如何推销自己"是摆在每个男人面前的一道必选题。有些男人一辈子安于现状，一成不变地生活着，这种男人不知道世界，世界也不知道他，一生也难有大成就。

推销自己是男人与生俱来的一种基本能力。每个人都有推销自己的潜质，政治家推销自己的政见，老师推销自己的知识，所以推销自己对于任何男人都非常必要。美国著名企业家卡耐基把推销自己看作是男人的一种能力、一种才华和一种艺术，他说，推销的第一个对象是你自己，你越是对自己有信心，越能表现出一种自信的气概。

推销自己，善于抬高身价与男人的为人处世息息相关，生活中的每一个环节，都需要发挥推销的功能。例如，向老板推销自己，向朋友推荐自己，向恋人推荐自己，等等。生活中，你几乎每天都面临着推销自己的学问。只有当你学会了推销自己，才有可能拥有一切。

一个急于找工作的年轻人，看到了一份适合自己的工作。于是，他把简历发了过去，并接到了面试通知，让他隔天早上八点去面试。

第二天一早，年轻人如约赶到面试地点，却沮丧地发现前面已有35位求职者在排队了，而他排在第36位。年轻人想："如果我就这么等下去，说不定轮到我的时候老板早已确定人选了。"于是，他急中生智，拿出一张纸，写了一句话，恭敬地对工作人员说："不好意思，麻烦你马上把这张纸条交给你的老板，这非常重要。"

工作人员把纸条交给老板，老板一看，笑了，只见纸条上写着："考官大人，我排在队伍的第36位，在您看到我之前，请不要做决定。"就因为这句话，老板对他的印象非常深刻，觉得他是一个善于推销自己的人，再加之招聘的岗位正是销售员，于是，他如愿地进入了公司，且报酬丰厚。

由此看来，成功地推销自己是男人实现理想的第一步。在你的周围，是否会常常看到有的男人满腹才华，却找不到理想的工作；有的男人工作敬业，却得不到上司的赏识。在你感叹世道不公、英雄无用武之地时，是否发现一切皆

是因为他们不善于推销自己，从而埋没了自己的才能。

　　古代著名的东方朔就是一名善于推销自己的人。在他刚入长安时，便向汉武帝上书用了三千片木牍，汉武帝用了两个月才把它读完。东方朔在奏章中阐述了自己一大堆优点，称自己是个不可多得的人才。汉武帝看完他的奏章，心动不已，但也怀疑他是在夸夸其谈，所以没有马上重用。

　　东方朔没有灰心，而是继续向汉武帝推销自己。在当时有不少侏儒与东方朔同朝为官，东方朔就吓唬他们，说汉武帝嫌他们没用，要杀死他们。侏儒们吓坏了，禀告汉武帝，汉武帝便诏问东方朔为何要吓唬他们。

　　东方朔见机会来了，就说："那些侏儒不过三尺，俸禄是一袋米，二百四十个铜钱，我东方朔身长九尺有余，俸禄也是一袋米，二百四十个铜钱，侏儒饱得要死，我却饿得要死。陛下如果觉得我有用，请在待遇上有所差别；如果不想用我，可罢免我，那我也用不着在长安城要饭吃了。"

　　汉武帝听了大笑，决定马上提高他的待遇。而后，他之所以能一直成为汉武帝面前的红人，靠的就是他善于自我推销的技巧和艺术。

　　历史上因善于推销自己而成功的人不计其数，而当今时代你更需要会推销自己，正所谓"酒香也怕巷子深"。

　　任何男人的成功都离不开推销自己，尤其是二十多岁的男人，只有善于推销自己，才能让你人生中的伯乐发现你，继而提供展示的舞台于你。没有人会喜欢那种唯唯诺诺、沉默寡言的男人，在人们看来他们好像根本不知道自己在乎什么或想要什么。因此，他们成功的机会也就很少。男人善于推销自己并不是吹捧自己，也不是阿谀奉承，而是尽力展示真实的自我，展现自己的才能。当你能够善于推销自己的时候，就会发现，你一直在追求的东西竟不期而至了。

　　懂得并善于推销自己是二十多岁的男人必须修炼的一门技术。男人的一生都需要推销自己，推销自己无处不在。无论是为了实现自己的人生价值，还是为了为社会多做贡献，都应该做到勇于推销自己，善于推销自己。总之，推销自己、善抬身价是一种才华，也是一种艺术，需要你在实践中不断摸索与总结。

第9章
男人能屈能伸，控制自我掌握命运

先贤说，"君子能伸能屈。"屈伸之道不是对命运的屈服、对环境的无奈、对强敌的懦弱，而是一种充满智慧的自我控制和主动收缩，它教会你懂得先苦后甜要比先甜后苦的味道迷人得多。正如事物热胀冷缩一样，能屈能伸也是男人的本能，也唯有如此，才能与命运搏击和抗争，将它擒获。男人的未来不是命中注定的，而是自己对人生的把握和掌控。

忍，男人要修炼的一种境界

忍是强者的涵养，不能忍才真正表现出懦弱男人的无奈。

荀子曾经说过，作为一个大丈夫，应该根据时势，需要屈的时候就屈，需要伸的时候就伸，能屈则屈，有伸则伸，屈于当屈之时，是一种人生的智慧。

年轻的男人不可能永处顺境，更多的时候，他们发现自己不幸地处于逆境。在这种时候，是一个男人最可悲的时候，也是一个男人的意志力真正得到考验的时候。真正的英雄既能在顺境中发展，又敢于在逆境中挺立，逆境能折磨一个年轻男人的身体、精神，却不能摧毁他钢铁般的斗志和远大的志向，他能在逆境中磨炼筋骨、增长智慧，为最终获得成功铺平道路。

所谓"人在屋檐下，怎能不低头"，如果真是处于别人的屋檐下而一时无法摆脱，或者只有在别人屋檐下修炼才能达到自己的目的，你就应该调整心态，顺着环境的形势灵活地改变自己。也是一种忍耐，不是顺风倒、软骨头，而是以屈求伸的手段，是达到目标不可缺少的。

要知道，做无谓的牺牲是没必要的，无论是名节、财富甚至爱情，在某些成大事者看来，都是达到目的的手段。识时务者方为俊杰。一个聪明的年轻男人懂得在逆境中学会保全自己，耐心等待适当时机，是男人改变命运的良方。

公元前498年，吴国国君夫差率兵击败越国，越王勾践被押送到吴国做奴隶，为吴王夫差养马，并鞍前马后地侍候吴王，吴王患病，勾践亲口为吴王尝粪。勾践忍辱负重伺候吴王三年后，夫差才对他消除戒心并把他送回越国。

其实勾践并没有放弃复仇之心，他表面上对吴王服从，但暗中训练精兵，强政励治并等待时机反击吴国。艰苦能锻炼意志，安逸反而会消磨意志。勾践害怕自己会贪图眼前的安逸，消磨报仇雪耻的意志，所以他为自己安排艰苦的生活环境。他晚上睡觉不用褥，只铺些柴草（古时叫薪），又在屋里挂了一只苦胆，他不时会尝尝苦胆的味道，为的就是不忘过去的耻辱。勾践为鼓励民众就和王后与人民一起参与劳动，在越人同心协力之下使越国强大起来，最后并找到时机，灭掉吴国。这就是历史上有名的卧薪尝胆的故事。

同样，三国时期的诸葛亮污辱司马懿的故事也是能屈能伸的著名事例。诸葛亮六出祁山时，驻扎五丈原，司马懿深知自己的韬略不如诸葛亮而采取拖延的战术——久不出兵。诸葛亮派人给司马懿送去一套女人服装，并递信说："你如果不敢出战，便应恭敬地跪拜接受投降，如果你羞耻之心还没有泯灭，还有点男子气概，便立即批回，定期作战。"司马懿的左右看了之后，非常气愤，纷纷请求开战，然而司马懿却坚守不战。不久诸葛亮因积劳成疾而死。司马懿没伤一兵一将，不战而获得了胜利。要是司马懿当时没有忍下那口气，而是鲁莽地开战，胜利还会站在他这边吗？

可见，忍是安身立命的最好法宝，忍是成就大业的利器。每个二十多岁的男人在他今后的人生中，总会遇到各种各样的困难与挫折，一个真正想有所成就的男人，必然不会为一时的成败所困扰，而是奋发图强，艰苦奋斗，成就功业。"弓过盈则弯，刀至刚则断"，能忍者追求的是大智大谋，为了长远的考虑，何必要去计较一时之长短呢？"忍一时风平浪静，退一步海阔天空"。忍是一种人生中的智慧与策略，一种为了度过不可能时期的策略。从本质上来说，忍是强者的涵养，不能忍才真正表现出弱者的无奈。

忍的另一个含义是容忍，即我们平常所说的"大肚能容"。

在佛教中，除了如来佛和观世音外，可能就属弥勒佛知名度最高了。弥勒佛又叫大肚弥勒佛，整天笑呵呵的，手里拿着一个布袋，最为著名的还是他那个无与伦比的大肚子。

给弥勒佛装上这么一个大肚子，在中国化的佛教中是有深意的。有一副

写弥勒佛的对联最能说明这个问题,这副对联也是广为人知,是这么写的:

大肚能容,容天下难容之事;

开口便笑,笑世间可笑之人。

这就是说,弥勒佛的大肚子不是白长的,而是能容天下所有人所不能容的事。"大肚"与"大度"同音,弥勒佛的"大肚"广为人知,可见"大度"是多么重要的一项原则。

一个二十多岁的男人如果事事都爱斤斤计较,一点度量也没有,只能处处碰壁。纵观古今,凡能取得最后胜利的争雄者,必然是善于用人的"明主"。一个明主势必需要一批能士来扶持,聚揽人才的前提是不嫉贤妒能,不因小失大。其实这一切的关键都在"容忍"二字。

"小不忍则乱大谋",男人应该心胸开阔一点,目光放远一些。着眼大局,放眼未来,这样才能赢得人心、顺应时势、成就大事。

在现实生活中,有许许多多的事情让男人们感到力不从心或无可奈何,这个时候,除了忍耐,我们似乎没有其他更好的选择。但忍耐不是甘于现状,而是有策略地迂回行事。对年轻的男人来说,忍有忍的理由:忍可以化解矛盾,忍可以回避冲突,忍可以使男人寻找实现自己心愿的良机。忍对于一个二十几岁的男人是种苦难,但能否忍、如何忍同时也反映了一个男人的智慧,决定了男人人生的高度。

男人要慧眼识势,量力而行

慧眼识势才能量力而行,量力而行方能战无不胜。量力而行,恰到好处;当行则行,当止则止。

左丘明说:"力能则进,否则退,量力而行。"这句话告诫男人,做事要看清形势,量力而行。"慧眼识势,量力而行"是年轻男人闯荡社会时的最具

第9章 男人能屈能伸，控制自我掌握命运

实效的生存哲学。

人常说，人性如水，至纯至善。当水细小之时，它温顺而活泼，哗哗流淌之声犹如一首动听的歌谣，在迷惑人的同时，发挥自己的滋润和渗透之力，任你是铁打的墙，它也要从基础开始瓦解，直到土崩瓦解。而当水流汹涌之时，它便积蓄了雷霆万钧之力，以摧枯拉朽之势，扫世间万物于无形。

根据自身的实力和外在形势的变化，改变处世的方法，这是男人应该掌握的生存技法。一个男人再坚强，再有实力，也要看清形势，不可逆势而行，而应顺势而动，要看准势头，看不准势头而被表象所迷惑，就会成为随波逐流的人而不是顺势之人。

在现实社会中，大势在来临之前，总是悄无声息，如暴风骤雨前的平静。即使是初露端倪，也会显得弱小，就像出土的幼苗虽稚嫩却活力四射，不可阻挡。不是大势的势头有时也很疯狂，但它很快就会消亡下去，这样的势是不能称为势的，只能算一时的风浪而已。这就需要男人有一双慧眼，不仅要看清自己的实力，而且要看透局势的发展、势头的变化。屈伸有度，恰当行事。

武则天是一代女皇，她成大事的所作所为，其中也有很多值得现今的男人借鉴之处。

武则天14岁入宫时只是唐太宗的一个嫔妃。唐太宗统万民、御天下的明君形象令她倾慕不已，她梦想自己有朝一日也能够像太宗那样呼风唤雨，只有像太宗那样，身居高位，手握兵权，才是法力所在，威严所在。她深知，一旦暴露了自己的目标，就必然会死于非命。于是，她把"目标"隐藏在心底，充分利用自己的魅力，投太宗所好，顺太宗所需，很快就得到了太宗的依赖和亲近。不仅如此，她又与未来的皇帝——当时太子李治建立了私情。唐太宗病危之时，有意让她陪葬。武则天的梦想即将破灭。面对危机，武则天选择了出家当尼姑之路。她想："只要保全了性命，来日就可以利用太子的关系，东山再起。"选择出家当尼姑是当时流行的一种悔罪修身，表示虔诚的方式。这样一来，一则对太宗表示了忠贞，二则保全了自己的生命，三则更长远的掌权目标

还有希望。她在特定情况下的这种选择让外人无可非议，也为自己实现深藏不露的人生目标埋下了伏笔。

武则天选择出家多少有些无奈，但更是顺应社会潮流之策，可谓高明之举。李治继位之后，武则天马上就被调回宫里，后逐渐控制了多病的李治，而成为"垂帘听政"的创始人。到李治病重不能再理朝政之时，武则天便顺理成章地取而代之，成为中国第一位女皇帝。

男人的一生难免会遇到难以应对的局面，关键是如何巧妙地慧眼识势、量力而行，而不是固执己见、猛冲莽打。

男人慧眼识势，既要识自己之势，有自知之明，又能识别对手之势，能知己知彼，然后衡量自己的力量，并采取合适的策略和手段，达到自己的目的。

比尔·克林顿曾是美国最小的州阿肯色州的州长。1992年11月3日，年仅46岁的克林顿凭借慧眼识势、量力而行的本事，击败众多对手后，终于成为美国第42任总统。

竞选之初，克林顿看到了美国民众开始追求新奇和年轻的大势，顺应这一潮流，46岁的克林顿挑选了44岁的富有政治才干的戈尔作为竞选搭档，成为美国总统选举中最年轻的一对搭档。年富力强的领导班子，代表着新的思潮、新的力量，迎合了众多人心思变的选民。

克林顿为了弥补自己缺乏国防和外交的经验，逃避兵役和桃色丑闻的缺憾，大力宣传戈尔在越南服兵役的辉煌历史，宣传他美满幸福的家庭，使选民忽略了克林顿的不足。

整个竞选过程，克林顿始终把握着大势所在，处处体现了量力而行的智慧，使选民们认识到，克林顿的内政外交政策更加符合自己的意愿，更有现实的可操作性，民众从克林顿的竞选纲领中看到了未来的希望。一个无名无声的小人物就这样顺势登上了美国总统的宝座。之后的事实也证明，克林顿并不是靠着虚妄之言蒙混过关的。他坚持推行其竞选主张，处处顺应大势、量力而行，迅速扭转了美国经济的下降势头，大大提升了美国的综合国力。

尼克松同样是美国前任总统，他在竞选连任时对时局的错误判断和莽撞行事，致使自己一片大好前程毁于手中。

1972年，尼克松竞选连任。由于他在第一任期内政绩卓著，所以大多数政治评论家都预测了尼克松将以绝对优势获得胜利。然而，尼克松本人却不敢肯定局势会如此发展。他极度担心失败，在这种潜意识的驱使下，他鬼使神差地指派手下潜入竞选对手总部的水门饭店，在对手的办公室里安装了窃听器。

这一错误的行动被人揭发后，他没有主动承担责任，量力而为，而是极力阻止调查，推脱责任，在选举胜利后不久便被迫辞职。本来稳操胜券的尼克松却因为没有看清局势而导致惨败。

慧眼识势的男人，往往能充分利用"势"的力量，采取或进或退或攻或守的对策。量力而行，不茫然冒进或退缩不前，才是屈伸有度的大智慧。

慧眼识势才能量力而行，量力而行方能战无不胜。量力而行，恰到好处；当行则行，当止则止。一个量力而行的人才能活得充实，才能活得轻松，才能让自己得到满足和快乐，才能够称得上是永远的成功者和胜利者。

伟大领袖毛泽东同志，在抗日战争时期就是用"敌进我退、敌驻我扰、敌疲我打、敌退我进"的十六字方针，巧妙地慧眼识势、量力而行，屡屡击败强敌。在抗美援朝的战场上，彭德怀指挥志愿军战士，再一次灵活运用这一智慧，使强敌屡受重挫。

男人在年轻时就应该看清形势，如果你初来乍到，切不要自以为是，招摇过市。如果凡事都好强争胜、不甘示弱，不仅你表现出的是自不量力的莽撞，也会劳而无功；男人在行动之前，必须晓得自己的能力，反躬自问自己对一切是否了如指掌，是否有把握完成任务。任何不知所以就遇事心血来潮地盲干，都是小题大做而导致壮志未酬的结果。

男人慧眼识势，量力而行，就会少尝失败的痛苦，就会少有悔恨的叹息，就会顺风顺水地迎来更为灿烂的人生，就不会把自己送入前为悬崖、后为绝壁的困境之中。

能屈能伸是男人的真功夫

男人在客观形势对己不利的时候，能够以屈守静待时；在外在环境对己有利的时候，能够以伸时取有为。

先贤说，"君子能伸能屈。"意思是说，男人在失意时要能忍耐，在得志时能大干一番。其实，正如热胀冷缩一样，能伸能屈也男人的本能，也唯有如此，才会使人生之路走得更顺畅。

男人的一生都在追求功名利禄，不管成败与否，在这个过程中都会有两种境界：一是逆境，二是顺境。在逆境中，困难和压力逼迫身心，这时应懂得一个"屈"字，委曲求全，保存实力，以等待转机的降临；在顺境中，时运和环境皆有利于我，此时当懂得一个"伸"字，乘风万里，扶摇直上，以顺势应时更上一层楼。

然而，现今的男人虽懂得这番道理，但血气方刚、性情耿直者却仍不免意气用事。在逆境中仍然示强逞能，不肯低头潜行；在顺境中又会骄傲自满，甚至好逸恶劳。这样的男人非但不检讨自己的言行，还时常抱怨命运对自己太不公平。

其实，当他审视自己时，就会发现，很多时候就是因为自己太固执，遇到任何事，都认为堂堂一个七尺男儿，不能弯腰低头、服输认败，在死要面子活受罪中强求"尊严"，不依循能屈能伸的大义行事，致使自己长久地陷于困境。

二十几岁的年轻男人有冲劲、敢拼搏、不服输是好事，但在面对任何事时，都不愿意低头，结果经常会撞得鼻青脸肿。

一次，本杰明·富兰克林到前辈家拜访，一进门，他的头就狠狠地撞到了门框上，疼得他一边用手揉，一边看着比正常标准低矮的门。出来迎接他的前辈看到他这副样子，笑笑地说："很痛吧？可是，这将是你今天拜访的最大收获。一个人想平安地活在这个世界上，就必须时时记住'低头'。这也是我要教你的，不要忘了。"

这样的例子还有很多，男人在面对人生中的小门时，能屈能伸，适时低头，这样他们才能不受损伤地安然通过。在厚重坚固的门框前面，暂时的低头不意味着卑屈和不顾人格，更不是失去原则和自尊，而是一种聪明的处世方法和智者的表现。二十几岁的男人倘若傲气不敛，锋芒毕露，小觑或无视生活有意无意设置的低矮"门框"，其结果只能被碰得头破血流，成为不得不在风车前败下阵来的"堂·吉诃德"。

年轻人为了一点蝇头小利或是不起眼的小事就与人争执不休，甚至舍命相搏，实在是狭隘小气的表现。不可屈身，一味强行，这样的男人注定不会顺风顺水地成就大事。

有一天，列宁在路上遭遇坏人抢劫，他选择了交枪，没有做无谓的抵抗。我们俗称列宁的做法为"好汉不吃眼前亏"，是非常明智的选择。之后他调来公安人员擒获了那几个罪犯，既夺回了手枪又惩治了恶人。

在时局对自己不利时，一时的屈服不是软弱，而是一种以屈求伸的大智慧。列宁如果在那时还不肯妥协而采取硬碰硬的方法，那他十有八九会丢了性命，其结果孰重孰轻呢？俗话说"君子报仇十年不晚"，列宁的行为证明，能屈能伸、以曲求全是成大事者必备的素质。

在中华民族数千年的历史中，勾践和韩信的行为也为我们树立了能屈能伸的良好榜样。

春秋时，越王勾践曾被抓做人质，去给夫差当奴役，从一国之君到为人仆役，这是多么大的羞辱啊。但勾践忍了，屈了。是甘心为奴吗？当然不是，他是在伺机复国报仇。

到吴国之后，他们住在山洞石屋里，夫差外出时，他就亲自为之牵马。有人骂他，也不还口，始终表现得很驯服。

一次，吴王夫差病了，勾践私下让范蠡预测一下，知道此病不久便可痊愈。于是勾践去探望夫差，并亲口尝了尝夫差的粪便，然后对夫差说："大王

的病很快就会好的。"夫差就问他为什么。勾践就顺口说道："我曾经跟名医学过医道，只要尝一尝病人的粪便，就能知道病的轻重，刚才我尝大王的粪便味酸而稍有点苦，所以您的病很快就会好的，请大王放心！"果然，没过几天夫差的病就好了，夫差认为勾践比自己的儿子还孝敬，很受感动，就把勾践放回了越国。

勾践回国之后，依旧过着艰苦的生活。一是为了笼络大臣百姓，二是因为国力太弱，为养精蓄锐，报仇雪耻。他睡觉时连褥子都不铺，铺的是柴草，还在房中吊了一个苦胆，每天尝一口，为的是不忘所受的苦。

吴王夫差放下了对勾践的戒心，勾践正好有时间恢复国力，厉兵秣马，终于可以一战了。两国在五湖决战，吴军大败，勾践率军灭了吴国，活捉了夫差，两年后成为霸王，正所谓"苦心人，天不负，卧薪尝胆，三千越甲可吞吴"。

勾践所受之辱，所担之苦，可以说都达到了极点。但他熬了过来，不仅报了仇，雪了耻，还成了当时的霸王。正是"能屈能伸"，如果当时不屈服一下，恐怕早就死定了，也就不可能成就日后的霸业。

楚汉相争时，刘邦和项羽争夺天下，势均力敌。然而刘邦借助大将韩信一统天下，韩信也因此封王封侯。

然而这个封王封侯的韩信却曾忍受胯下之辱。韩信年轻的时候，曾经接受过乞婆的喂养，受到了当地人的嘲笑。有一天，他在街上闲逛，对面走过来几个当地最不好惹的地痞流氓。他们截住韩信嘲笑他"漂母食"，并且无理地要求韩信从他们的胯下爬过去，要不然就打死他。

韩信思考了一会儿，便伏下身从他们的胯下爬过去，然后拍拍衣上的尘灰扬长而去。那些地痞流氓哈哈大笑，说韩信是个胆小怕事的人，不会成就什么大事业。

后来韩信发奋，学得一身兵法，军事才能无人能及，被萧何引见到刘邦帐下，很快就做了大将军，成就了自己的一番事业。

大丈夫能屈能伸，能刚能柔，就是源于韩信甘受胯下之辱的典故。在常人看来，胯下之辱绝对让人不堪忍受，简直是奇耻大辱，然而韩信爬过去了，而且爬过去以后拍拍身上的尘土扬长而去，这样的男人，具有何等的胸襟和气魄！

男人游弋于人生的长河中，要拥有能屈能伸的大智慧。能屈就是在客观形势对己不利的时候，能够守静待时；能伸则是在外在环境对己有利的时候，能够时取有为。能屈能伸是人的一种美德，是人们处世的一种方法原则。

能屈能伸是一门高深的学问，需要二十几岁的年轻男人认真研习。运用得好，敢伸能屈，敢伸敢屈，那就是君子了，至少也能生活得如鱼得水、游刃有余，尽情演绎人生的各种精彩。

在看不到希望时，不颓废要准备

卡耐基说，不为明天做准备的人永远不会有未来。成功是辉煌的，它背后的积累和准备却是无比艰辛和枯燥。

二十几岁的男人，少有大成者，多还默默无闻，是社会中的配角。这时的男人最该做的不是高谈阔论、愤世嫉俗，而是踏踏实实地干好普通的事。即使环境不利、条件艰苦，改善生活的希望如此渺茫，具备成功潜质的男人，在种种逆境之中，也不会甘心屈服，放弃准备。

哪怕是只有百分之一的希望，我们也要做百分之百的努力！这是男人对生活的宣言。每个人的生活中都有五彩缤纷的颜色，对年轻的男人来说，其中最为绚丽的叫作永不绝望。即使是一个平凡的男人，他的一生也会经历坎坷、饱受挫折，人生起起落落无法预料。无论发生什么事情，无论你有多么痛苦，都不要整天沉溺于其中无法自拔，不要让痛苦占据你的心灵。

无数成功的范例证明，那些相信自己并积极准备的男人，常常能够取得胜

利。有人说过这样一句话："我不是为了失败才来到这个世界上的，我的血管里也没有失败的血液。"

如果经历一次失败，就失去信心，放弃准备，往往会功亏一篑，让成功与你擦肩而过。事实上，人生从来没有真正的绝境。无论遭受多少艰辛、经历多少苦难，只要一个人的心中还怀着一粒信念的种子，他就能走出困境，让生命重新开花结果。

圣诞节那一天，吉米临时有事要去出差，但在买火车票的时候，却被售票员告知车票早已经卖完了。看着吉米一脸着急的样子，售票员就好心地劝解他："你去候车厅转一转吧，没准儿还能碰上有人临时有事需要退票的呢。不过，像今天这样的日子，估计可能的机会只有万分之一……"也只有这么一个办法了。吉米提起旅行箱，随着人流涌进了候车厅里。

可是，眼看着时间一分一秒地过去，还是不见有人说要退票。不过，吉米非常有耐心地一直坐在位子上等着。当列车进站的广播响起来的时候，吉米只好提起旅行箱准备离开了，但还是满怀希望地扫着候车厅的每一个角落。就在这个时候，吉米突然看到：一个女人急匆匆地从门口处跑了过来，一边高高举着一张火车票，一边气喘吁吁地喊着："票……谁要火车票……"吉米笑了，赶紧跑了过去，一看：天哪，正是他需要乘坐的那列火车的票啊！原来，这个女人的孩子生病了，不能再冒着严寒外出，就跑来退票了。

坐上列车之后，吉米赶紧给家里的妻子打了一个电话，说："以积极的行动为成功做好准备，若不是我努力坚持着，从不绝望和放弃，也就抓不住这仅有的万分之一的机会了……"

哪怕是只有百分之一的希望，我们也要做好百分之百的准备！成功的男人不会躲在温暖的被窝里抱怨没有机会，不去尝试，不去积极地行动，因为他们知道，机会总是青睐于有准备的人，没有辛勤的付出，就没有丰厚的回报。

卡耐基说，不为明天做准备的人永远不会有未来。成功是辉煌的，它背后的积累和准备工作却是无比艰辛和枯燥。当你厌倦工作或者对于生活的信念有

所动摇的时候，男人可以这样告诫自己：准备，是一步步接近希望的必经的历程。明日的成就，就是在为这段时光颁奖。

5年前，陈明18岁，高中毕业后进城谋生。在城里转了两天，总算找到了一份工作，就是当一名送水工。他一没有阅历，二没有工作经验，有的只是年轻力壮，当送水工正好合适。

他对每一位客户都很有礼貌，敲门总是轻轻的，进门总是把鞋子脱了，光着脚进屋，而且每送一位客户的水，他都会记下客户的地址，并在心里默念上几遍。这样，下次送水的时候，就不用走弯路，可以走最近的路。如此一来，他的效率大大提高了，每天，他都能比别人多送些水，这样，他的收入也大大提高了。

一个送水工，一般每个月只有500块钱的收入，而他，也不过只有600块左右。那些送水工，干上一年半载就不干了，另谋高就去了。而他，干了一年又一年。

5年，对一个工作辛苦的人来说，很长，但是对一个工作快乐的人来说，则很短。5年，他开开心心地当一名送水工。5年过后，他终于辞职了。

他用自己这些年的积蓄开了一家送水公司。人们觉得他必败无疑，城里的人家，早就订水了，刚刚成立的公司，谁会订他的水？

人们都错了，他没有失败，有很多人订他的水，订他水的人是他这些年认识的客户，以及客户的亲朋好友。每天，他的送水工来来往往地将公司的纯净水一桶桶地送出去。现在，他送水的业务占据了全城的一半。

有人问他是怎么出人意料地创造了这个奇迹的？他说，在这城里，干上5年送水工的人有几个？他们大多只干一年半载，而我一干就是5年，在这5年里，我为了开创自己的事业而积极准备，结识了不少客户，还跟他们的亲朋好友认识了。我给他们的印象都很好，我说我要开公司了，问他们订不订水，结果他们都表示愿意订我的水。况且，他们根本不记得我以前的那个送水公司，也不认那个公司，他们只认我这个人。如此一来，我的公司一开张就赢得了这

么多订水的客户！

　　有许多人，他们一生最快乐的时刻，正是他们与贫穷做斗争、逐渐摆脱贫穷的时候。正是这段时间，他们为了将来的自立放弃眼前的享乐，一方面每天为面包而辛苦，一方面又滋养自己的心灵，努力使自己的智慧更多、经验更丰富，这所有的准备都为成功的最终光临埋下了伏笔。

　　对有远见卓识的成功男人来说，他们不仅为了目标准备，更会让自己的努力卓有成效，显然，这是更深层次的见地。

　　例如，一个是长跑运动员，每天都在坚持耐力锻炼，并储备了充分的体能，足以应对最高级别的马拉松大赛；另一个是短跑运动员，每天都在坚持训练冲刺速度和挖掘自己的爆发力。他们都有充分的准备，但如果分别给他们一个扬名立万的机会，让长跑运动员参加短跑比赛，让短跑运动员参加马拉松比赛，显然他们都只能面对这个机会扼腕叹息。当然这个例子比较极端，但却充分说明了准备是否得当对于把握机会的重要性。

　　如果你的生活没有起色，甚至陷入了低谷，你要明白，这正是你积累力量的最好时机。事实上，在"前途光明"和"希望渺茫"之间，本来也没有一个不可逾越的界限，比条件更重要的，是你积极的心。为成功的到来有所准备的人，远比那些在人生的低谷自怨自艾的人要强很多。

男人依靠他人，不会成就杰出的自己

　　生命不息，奋斗不止，这是强者的生存宣言。他们深深懂得，别人所给予的永远都不会属于自己。

　　在社会中，男人是强者的代名词，身为男人，就应该自强不息，不仅要打拼出自己的一片天地，更要为家人、为朋友撑起一片明媚的蓝天。然而，有些男人由于优越的生活条件和个性等原因，在生活中更希望依靠他人的帮助做事。虽然人从呱呱坠地那一刻起，就已开始接受他人给予的种种帮助。然而，许多男人就这样将自己立身于社会的希望完全寄托在父母和朋友的身上。这样的男人，显然不可能在生活上自立自强、在事业上有所作为。有句话说：靠吃别人的饭过日子，就会饿一辈子。

男人要明白，在这个世界上，锦上添花者多，雪中送炭者少。如果你自强不息、坚韧顽强，别人也许愿意拉你一把；如果你懦弱无能、自甘堕落，别人多数会袖手旁观。从艰苦卓绝的环境中脱颖而出的男人，他们最初的处境并不见得就比我们强多少。在逆境中把希望之门的钥匙交到别人手里的男人，想依靠他人的帮助走出困境，如此上演的多是一幕幕徒劳的悲剧。

我国著名教育家陶行知在《自立歌》中这样勉励年轻的男人："滴自己的汗水，吃自己的饭，自己的事情自己干，靠人靠天靠祖宗，不算真好汉！"其一语道破了依靠别人是不可取的行为。人生之路需要自己走！求人不如求己，总想着依靠他人帮助的人，是无法完成任何伟大事业的。只有自主的人，才能傲立于世，才能力挫群雄，也才能开拓自己的天地。潜能激励专家魏特利曾说过这样的话："没有人会带你去钓鱼，要学会自立自主。"

在魏特利9岁的时候，有一天一个士兵朋友说："星期天早上五点，我带你到船上钓鱼。"魏特利听了兴奋不已。星期六晚上，为了确保不迟到，他甚至穿上了网球鞋上床睡觉。一大早，他就爬出卧室窗口，备好渔具箱，另外，还带了备用的鱼钩及鱼线，将钓竿上的轴上好了油。四点整，就怀着满腔的热情坐在屋门口摸黑等着他的士兵朋友的出现。但是士兵朋友失约了。魏特利这时并没有爬回床生闷气或是懊恼不已；相反，他认识到这可能就是他一生中学会自立自主的关键时刻。

于是，他跑到附近的售货摊，花光帮人除草所赚的钱，买了一艘心仪已久的橡胶救生艇。近午时分，他将橡胶艇充上气，顶在头上，里面放着钓鱼的用具，活像个原始狩猎人。魏特利摇着桨，滑入水中，假装自己在启动一艘豪华大邮轮。那天，他钓到了一些鱼，又享用了带去的三明治，用军用水壶喝了一

些果汁。

魏特利回忆那天的光景时说：那是他一生中最美妙的日子之一，是生命中的一大高潮。士兵朋友的失约教育了他，凡事要自己去做。

马斯洛认为，一个完全健康的人的特征之一就是：充分的自主性和独立性。就如魏特利一样，不要将生活的希望交托给别人，自己就可以创造幸福的时光。但在现实生活中，有的男人在遇事时首先想到别人，求助别人，人云亦云，亦步亦趋，不敢自行主张，不能自己决断。总希望别人帮自己把事情都处理好。

生活中还有一部分男人，因为自己身上有某种缺陷，就自暴自弃、自甘堕落，想着依靠别人度日，不仅失去了尊严，而且推动自己的命运走入一个个更深的低谷。对本色的男人来说，无论何时、何种境地，他们首先想到的就是靠自己的力量走出困境，而不是伸手去要"嗟来之食"。

一个只有一条胳膊的乞丐来到一家门口，向女主人乞讨。空空的袖子晃荡着，让人看了很难受。可是女主人却指着门前一堆砖对乞丐说："你帮我把这堆砖搬到屋后去吧。"

乞丐生气地说："我只有一只手，你还忍心叫我搬砖，不愿意给就不给，何必刁难我？"

女主人没有生气，俯身搬起砖来，还故意只用一只手搬，搬了一趟才说："你看，一只手也能干活。我能干，你为什么不能干呢？因为只有一只胳膊，就依赖乞讨？"

乞丐愣住了，用异样的目光看着女主人，终于俯下身子，用唯一的一只手搬起砖来，一次只能搬两块。他整整搬了两个小时才把砖搬完。

女主人递给乞丐20元钱，乞丐伸手接过钱，很感激地说："谢谢你。"

女主人说："你不用谢我，这是你自己凭力气挣的工钱。"

几年后，一个西装革履、气度不凡的大老板来到女主人的家，他很有气派，但遗憾的是少了一条胳膊。原来，他就是当年的那个乞丐。

他如今是一家公司的董事长，特意来感谢女主人，他说："当初我只是依赖乞讨过生活，是您给了我自力更生的启示，我才有了今天。"

不要因为自己某方面存有缺陷就认为可以理所当然地依靠别人，长此以往，你就会失去生存的能力，只能像一个寄生虫一样看别人的脸色生活。

依赖别人生活的男人无疑是可怜而孤独的，他们往往四处碰壁，不被信任，不受欢迎，遭人鄙视，这是依赖所导致的必然结果。依靠别人的男人就如同依靠拐杖走路的不健康的人。

男人在社会中生存，就要参与竞争，拥有独立自主的个性和自立自强的能力是立足社会、发展自我的基础。男人要努力靠自己活着，要勇于驾驭自己的命运，这是成功的要义。如果总是任人摆布，让别人推着前行，摆脱不了对别人的依赖，那么你将永远是一个弱者。

法国著名的小说家小仲马，年轻时喜欢创作，开始几年写的作品统统被编辑退了回来。他父亲大仲马怕儿子受不了打击，便建议说："你如果能在寄稿时告诉编辑你是大仲马的儿子，或许情况就会好多了。"小仲马固执地说："不，我不想坐在你的肩头上摘苹果，那样摘来的苹果没味道。"年轻的小仲马不但拒绝以父亲的盛名做自己事业的敲门砖，而且不露声色地给自己取了十几个其他姓氏的笔名，以免让那些编辑把他与大名鼎鼎的父亲联系起来。

小仲马面对那些冷酷无情的一张张退稿笺，没有沮丧，他对自己说："我能成功，一定能成功！"他的长篇小说《茶花女》寄出后，终于以其绝妙的构思和精彩的文笔震撼了一位知名的老编辑。这位老编辑曾和大仲马有过多年的书信来往，他发现《茶花女》投稿人的地址和大仲马的地址出自一处，怀疑是大仲马另取的笔名。但作品的风格却和大仲马的迥然不同。他带着这些疑问去拜访大仲马。

令他大吃一惊的是，《茶花女》这部伟大作品的作者，竟是大仲马的儿子小仲马。"你为何不在你的稿子上署上你的真实姓名呢？"老编辑不解地问小仲马，小仲马说："我只想拥有自己真实的高度。"

生命不息，奋斗不止，这是强者的生存宣言。他们深深懂得，别人所给予的永远都不会属于自己。一个想要成功的人，不应满足于送入笼中的食物，而应该努力掌握自己捕猎的技能，找寻开启这个世界的钥匙。没有什么神明能保佑你，能帮助你摆脱现状的唯有自己——你就是自己的主宰！

在困境中，也要保有自己的理想

男人的梦想中存有改变命运的力量，坚持你的目标，不要在左顾右盼中让自己迷失方向。

每个男人都有梦想，从我们懂事开始，从我们有了第一次需要开始，我们便懵懵懂懂地知道要去追求些什么。梦想，是引导我们生活方向的指针：就像简单如吃饭，如果今天想吃饺子，我们就要和面、压皮、拌馅，然后捏成饺子，再放到开水里煮熟。要是想吃得美味一些，还要弄些醋和蒜汁之类的调料来配一配，麻烦吧？想想是有点麻烦，那你还吃吗？当然要吃，再麻烦也吃，因为你想品尝那香香的味道。

吃饺子的过程就像是男人实现梦想的过程，只有一直记得自己的目的是吃到好吃的饺子，才能按部就班地去完成做饺子的步骤。如果我们和好面、拌好馅，突然觉得做馅饼应该也很不错吧，就抛弃饺子改做起馅饼来，若是馅饼能做成也罢，做不成馅饼又想做大饼或者其他的，最后可能导致什么东西都做不成。这种行为通常被人比喻为"熊掰棒子"。像这种捡了芝麻丢了西瓜的男人，永远也实现不了自己的梦想，因为他的梦想时常在变，在变化的过程中，以往为前一个梦想做的准备工作便付诸流水了。这样，永远只能在梦想的起步阶段，永远只有开始却看不到对岸。

在唐朝贞观年间有个和尚，要到西天取经。他需要一匹马，长安城里有一匹马，平时在大街上驮东西，结果被选中了，选中之后，就准备去西天取经。

第9章 男人能屈能伸，控制自我掌握命运

这匹马有个很好的朋友，是头驴子。平时驴子都在磨坊里面磨麦子。这匹马临走之前就跟它的好朋友道别。道别之后就走了。一走就走了十七年。十七年之后这匹马就驮着满满的佛经回到了长安城。他们受到了英雄般的欢迎。这匹马也一举成名。这匹马就回到它当年的好朋友驴子的磨坊里面。发现驴子还在。它们两个就一起诉说十七年的分别之情。这匹马就跟这头驴子讲它这十七年的所见所闻。见了非常浩瀚的沙漠、一望无边的大海。去到一条木头浮不起来的河叫黑水河、去到一个只有女人、没有男人的地方叫女儿国，去到一个鸡蛋放到石头里能够煮得熟的地方叫火焰山。

讲了很多很多。这头驴子听完流着口水说："你的经历可真丰富呀！我连想都不敢想！"这匹马就接着讲："我走的这十七年你是不是还在磨麦子呀？"这头驴子说："是呀！"这匹马就问它那你每天磨多少个小时呀？这头驴子说八小时。马说："我和唐大师当年，平均每天也走八小时，这十七年我走的路程和你走的路程是差不多的。可是关键在于当年我们朝着一个非常遥远的目标，这个目标有多遥远，我们根本看不到边，可是我们方向明确，始终朝着目标迈进，最后终于修成正果。"

现实生活中，很多男人就如同故事中的驴子一样，每天工作八小时，每天都重复着同样的工作，每天的工作都是在原地转圈圈，毫无建设性的进展，结果，奋斗了十年、二十年甚至是一辈子，也还是在原地没动。而有些人，没有甘于围着磨盘打转，他们有梦想、有目标，并且认准目标就一直向前走，即使因为种种原因走了弯路，但是大方向是不变的，因为梦想在前方，在牵引着他们，他们知道，那才是他们的终点。

很多人总是感叹，你出来打拼二十年，我也出来打拼二十年，为什么成就会如此悬殊？当别人提到什么叫生活方式，什么是生活阅历的时候，你只能流着口水说："你的经验可真丰富呀，我连想都不敢想啊！"

男人的梦想犹如灯塔的光芒，指引自己前行。因为有梦想，男人才有了前进的动力，因为有了对美好的追求，男人的生活才不断发生改变。

不管你现在是小有成就还是依然在拼搏，都请你记住，一旦锁定一个目标，就要时刻谨记，即使是身处逆境之中，也不要左顾右盼。或许现在的一切只是为将来的梦想编织翅膀，但是梦想一旦被付诸实践，它就会变得神圣，变成光芒，只要你有耐心，肯坚持，相信总有一天，梦想可以在现实中展翅高飞！

人生起伏，进退之间显智慧

进退之间，彰显智慧。无论做什么事情，该进则进，该退则退，如果不能进，以退为进也是一个不错的选择。

男人的一生，是实现抱负的旅程。人生成败得失，七分在努力，三分在命运。虽然我们力求一路顺风地驶向人生的终点，但起起伏伏是人生之路的性格，任何人都难以将它驯服。只有随着它的性子，依靠自己的见地、学识和智慧，适时地调整自己的脚步，知进知退地努力把控，才能一路走好。

没有哪个男人喜欢起伏不定的人生，因为起伏总会给人带来不安，让人生或多或少地产生损失。聪明的男人总是能够牢牢地把握自己的命运，掌控起伏之道。他们善于预知起伏到来的时机，能够看清起伏对人生可能造成的利弊，并根据利弊的大小采取或进或退的应对策略，因而把起伏带来的损失降到最低限度，并牢牢抓住起伏带来的新机遇，当进则进，该退即退，如行云，似流水，顺势而动，顺心而为，不多求一分，不吝舍一文，快乐、自然、轻松、豁达，站得高，看得远，拿得起，放得下，对未来充满信心，对生活满怀欣赏，寓退于进，知退知进，你的人生就必然是妙不可言的成功人生。

在社会上打拼，一味地进，往往走不通。人生之路有诸多障碍，诸多陷阱，有些是天然存在的，有些更是人为制造的。你想如秋风扫落叶一样将它们

一扫而光，显然不切实际。更有甚者，在执着前进的过程中，失去了审时度势的能力，让自己走入了死胡同而不知回头。

有一种名叫马嘉的鱼，它生活在海里，肉质鲜美，甚为渔人所爱。马嘉鱼潜藏于深海之中，不易捕捉。然而，每到春夏两季生产幼鱼时，成年的马嘉鱼就会随着潮水浮现水面，这就是渔人捕捉它们的大好机会。

行动敏捷、十分聪明的马嘉鱼，只要有一点风吹草动，就会马上逃得无影无踪。但马嘉鱼有个致命伤，便是生性倔强、不知进退。

马嘉鱼的这一弱点被渔人所掌握着，就将马嘉鱼赶往一面网中。

马嘉鱼迎着网游了过来，一旦碰到网，就朝着网的方向前行；愈陷愈深，就愈加恼怒，于是鳃张开了，鳍也展开了。就这样，它被挂在网的眼孔上，结果没办法挣脱掉，只得"束手就擒"。

实际上，就在马嘉鱼触网时，若不逞一时之强就不会一头栽进网里；进了网里，若不生气动怒，鳃鳍齐张，也不会落得束手无策、挂在网上的下场；若知道进退，就可能是另一种结局。

人生不可冒进，不可一味猛冲，当然，遇难就退，也是万万行不通的。古人讲，逆水行舟，不进则退。奋斗是男人生命中最重要的主题，我们有理想在远方闪耀、有希望在彼岸召唤。我们当然要向着它们前行。一味地退，我们只能站在原点，像一个懦夫在别人成功的欢笑声中碌碌无为。

一代大文豪苏东坡，最可谓深明其理。他兼有儒家和道家的思想，在"高寒"中遇政敌之陷害，被贬海南岛，却依然怡然自得、进退皆能。这可谓大丈夫能屈能伸，难道不是我们应该效法的榜样么？

《吴子兵法》提出"见可而进，知难而退"的观点，这是应对人生起伏的良策。他的意思是说，当认识到继续前进有可能导致对自己不利的结局或可能使战局发生逆转时，应当机立断，停止进攻，或迅速撤退。这正是男人立身处世所要把握好的分寸。处于人生的低谷，知难而退，见好就收，是审时度势的智慧。另外，以退为进、以屈求伸也是成大事的有效方法。

在长途跋涉的人生路上,一个知道进退的人,才能利用机会成就自己。只退不进,是懦夫的行为;只进不退,那是莽夫的行为。只有进退得当,在面对得失成败时,才会从容,进而潇洒成就人生。

古代一位哲人曾说过,世上有两种人,一是刺猬,一是狐狸。刺猬遇事只有竖起尖锐的刺这一招,而狐狸却可随机应变。其实,论进退,又何尝不是如此?"刺猬"只是一味进或一味退,最终走极端。而"狐狸"却依据实际情况采取不同措施。难怪哲人说,还是像狐狸的人多一点好。是进是退,应该看具体情况。

田婴担任齐国宰相的时候,有人对齐宣王说:"每到年终总结算的时候,大王为何不多花费几天的时间,亲自听取各个地方官员的简报呢?否则,怎么会了解官员的奸邪、优劣呢?"

齐宣王听后,觉得很有道理。田婴当然知道这条冠冕堂皇的"馊主意",是有人故意冲着他来的,其目的是夺取他的大权。虽然不动声色,田婴却早已盘算着要让这条"馊主意"破产。因此,就在齐宣王准备亲自听取简报的当天,田婴下令让官员们把所有记载官库入账、出纳的种种账目准备齐全,而且要一条一条、事无巨细地逐一向齐宣王报告。

就这样,齐宣王听了整整一个上午,才听了一小部分。吃完午饭后,简报继续,直到晚饭过后,报告的程序还未进行到一半,齐宣王看来已经吃不消了。这时,田婴却对齐宣王说:"这是群臣们一年来日夜操劳忙碌的成果,大王如果能彻夜倾听,对官员们的士气必然是一大鼓舞,有益于他们将来更加勤于政事。"齐宣王听后,同样觉得有道理。尽管齐宣王从善如流地挑灯夜听,但是没过多久,就一再打盹儿,昏昏欲睡了。最后,齐宣王终于支撑不下去了,索性将听简报的事全部交给田婴去处理。

从这个故事看来,齐宣王没什么主见,而田婴则害怕原有的大权无形中被削弱;同时,他也看准了齐宣王根本不是干事业的人,因此,干脆就让他听得彻底一点,看看齐宣王到底有没有这等能耐。于是,田婴顺水推舟,以退为进，达到保障自己专权的目的，维护了自己的利益。

进退之间，彰显智慧。无论做什么事情，该进则进，该退则退，如果不能进，以退为进也是一个不错的选择。

人常说，"三十年河东、三十年河西"。这是人生的旋律。漫漫人生路，起伏总相伴。睿智的男人能够在人生的起伏来临之际，知进知退，千方百计地避开起伏，不是与起伏做无畏的抗争，而是采取迂回的方式，躲开起伏的明枪暗箭。面对起伏，如果没有知进知退的才智，而是一味地以硬碰硬，虽然彰显了"硬骨头"，有时却会付出头破血流甚至生命的代价。

男人的生命是坚强的，但也只有一次。走好这唯一一次的人生之路，需要智慧的运用，在人生的剧烈起伏来临时，不妨先退后一步，避开动荡的风口浪尖，可能就会迎来风平浪静，柳暗花明。这正是"留得青山在，不怕没柴烧"。当进则进，当退则退，知进知退，才是做人处世的大境界，也是保全自我，以便东山再起的大智慧。

男人如船锚，起作用就要埋没自己

每个有所成就的男人，都是非常努力学习的，以便寻找下一个可以帮助他成功的关键。

如今，专业主义的口号叫得越来越响，只有那些专精的人才，才更具发展的前途。不管哪一个行业，只有专家、内行才能赚到外行人的钱。所以，一个想要成功的年轻男人一定要在最短的时间内以最快的速度，成为专家或内行。而要成为专家，就得学习。隔行如隔山，一定要静下心来不断学习，才能做得比别人更好。

每一个成功的年轻男人都是非常喜欢学习的，一个不学习的年轻男人是不会成功的。

要得到更多，赚得更多，就要学习得更多。当你学习得更多，就更有机会尝试这些方法。即使是同样的信息，当你再一次学习，在你的潜意识里不断重复的机会就会增加，你的行动力也会倍增。

曾经听过这样一个笑话：在一个漆黑的晚上，老鼠首领带领着小老鼠出外觅食，在一家人的厨房的垃圾桶里面有很多剩余的饭菜，对老鼠来说，就好像人类发现了宝藏。正当一大群老鼠在垃圾桶及附近范围准备大吃一顿的时候，突然传来了一阵令它们肝胆俱裂的声音，那是只大花猫的叫声。它们震惊之余，各自四处逃命，但大花猫穷追不舍，终于有两只小老鼠走逃不及，被大花猫捉到，正要将它们吞食之际，突然传来一连串凶恶的狗吠声，令大花猫手足无措，狼狈逃命。大花猫走后，老鼠首领便从垃圾桶后面出来说："我早就对你们说过，多学一种语言有利无害，这次我就因此救了你们一命。"

这虽然是个笑话，但也折射出学习知识的重要性。美国心理学家卡特尔曾提出流体智力与晶体智力学说。卡特尔认为智力由两种成分构成：一种是流体智力，另一种是晶体智力。流体智力是人的一种潜在智力，与个体通过遗传获得的学习解决问题的能力有联系，很少受社会教育影响，随生理成长曲线而变化，到十四五岁时达到高峰，而后逐渐下降。而晶体智力则主要是后天获得的，受文化背景影响很大，与知识经验的积累有关，如词汇、计算、知识等方面的能力，可以一直有所增长，一直到60岁以后才逐渐消退。这表明后天的学习永远比先天的遗传重要。

人和人虽然是平等的，但成就却是有区别的。成功男人和失败男人的区别主要在于后天的学习和努力，这个道理人尽皆知。综观那些成功者，每个有所成就的男人，都是努力学习的典范，他们依靠自己丰富的知识来帮助自己发现机会，促成成功。

处于二十几岁大好年华的男人绝对不能疏于学习，而是应该不断地激励自己勤奋上进，在学习中不断提高自己的能力，这样才能更适应现在竞争日益激烈的社会。

也许"万般皆下品,唯有读书高"的年代已经过去了,但是坚持学习的好习惯永远不会过时。

哈利·杜鲁门是美国历史上著名的总统。他没有读过大学,曾经营农场,后来经营一间布店,经历过多次失败,当他最终担任政府职务时,已年过五旬。但他有一个好习惯,就是不断地阅读。多年的阅读,使杜鲁门的知识非常渊博。他一卷一卷地读了《大不列颠百科全书》以及所有查理斯·狄更斯和维克多·雨果的小说。此外,他还读过威廉·莎士比亚的所有戏剧和十四行诗等。

杜鲁门的广泛阅读和由此得到的丰富知识,使他能带领美国顺利度过第二次世界大战的结束时期,并使这个国家很快进入战后繁荣。他懂得读书是成为一流领导人的基础。读书还使他在面对各种有争议的、棘手的问题时,能迅速做出正确的决定。例如,在20世纪50年代他顶住压力把人们敬爱的战争英雄道格拉斯·麦克阿瑟将军解职。他的信条是:"不是所有的读书人都是一名领袖,然而每一位领袖必须是读书人。"

美国前总统克林顿说:在19世纪获得一小块土地,就是起家的本钱;而21世纪,人们最指望得到的赠品,再也不是土地,而联邦政府的奖学金。因为他们知道,掌握知识就是掌握了一把开启未来大门的钥匙。

在知识经济的时代里,如果一个男人有资金,但是缺乏知识,没有最新的讯息,无论何种行业,他越拼搏,失败的可能性越大。相反,若拥有丰厚的知识储备,一时筹集不到足够的资金,每一步小小的努力都能扎扎实实地换来回报,并且很可能达到成功。现在与数十年前相比,知识和资金在男人们通往成功路上所起的作用完全不同。一个二十多岁的男人倘若没有正确的学习观,不能够做到与时俱进,思想的落伍终会决定他人生格局的失败。

我们常说,21世纪的竞争是知识的竞争。时代的车轮不断滚滚前进,竞争日趋激烈,要在千百万人当中脱颖而出,成为出类拔萃的人物,是件不容易的事。当那些如比尔·盖茨、丁磊等靠知识和创意一飞冲天的成功案例,却依然

给我们很大的鼓励和启示。作为有雄心壮志的年轻男人，一个不可缺少的成功条件就是：不断学习、不断进步、不断创新。这样，当机会来临之时，才可以在众多竞争者中夺取机会，进而取得事业上的成功。

第10章

男人励精图业，命运跟着心态改变

男人的一生，是一种体验，也是一种心理感受。同样的人和事，不同的男人会有不同的心态，从而采取的行动也不一样，也就有了不一样的人生。佛祖说："物随心转，境由心造。"那些成功男人所走过的路，无不证实了一个真理——心态是成功的关键。成熟的男人虽平凡无奇，但不甘平庸；成功时不忘形于色，失败后也能勇敢地咀嚼苦果。良好的心态胜似一剂良药，给予他们慰藉和支持。

耐心是男人铸就辉煌人生的跑道

耐心是男人在年轻时铸就辉煌人生的跑道，你不知道它的终点在哪里，更不知道它到底有多长，自己的脚步要迈多久，但只要你踏踏实实地跑下去，终会到达充满鲜花和掌声的理性的彼岸。

柏拉图说过："耐心是一切聪明才智的基础。"一个成功的男人在二十几岁的时候往往是一个有耐心的人，在没有出现理想时机的情况下，他们能够极富耐心地等待，一旦时机合适，就会立即采取行动。

男人在二十几岁的时候总觉得在现实生活中有很多机会值得去尝试，其实大部分所谓的机会都是"陷阱"，年轻的男人应该心平气和地去等待那些他们能够把握的机会。

富兰克林说："有耐心的人，无往而不利。"这里所谓的耐心是动态的而非静态的，主动而非被动的，是一种主导命运的积极力量。这种力量在我们的内心源源不尽，但必须严密地控制和引导，以一种几乎是不可思议的执着，投入到既定的目标中，才具有人生价值。

当我们播下了希望的种子，做完了所有诸如施肥、浇水、拔草等一切工作之后，我们却久久都看不到果实，这个时候我们需要做什么呢？是把禾苗拔起来重种，还是干脆放弃这片土地？我们最明智的选择是耐心地等待果实的成熟。

在一个营销报告会现场的舞台的正中央的位置上，吊着一个巨大的铁球，舞台上放了几种大小不同的铁锤。一位老者介绍了用铁锤把大铁球敲打得荡起来的规则。很快就有两位年轻人抡起大铁锤砸向大铁球。但大铁球却丝毫未动。没敲几下，两位年轻人就累得大汗淋漓、气喘吁吁。当人们认为再怎样敲打也无济于事时，那位老者拿起一把小铁锤，对准大铁球敲打起来。敲一下，停一下，敲敲停停，很有节奏。人们觉得奇怪，用大铁锤尚不能把大铁球敲打得荡起来，难道用小铁锤能把大铁球敲打得荡起来？时间慢慢地过去，十分钟、二十分钟、三十分钟，台下的人们开始失去耐性，躁动起来，还有不少人开始离场。但那位老者却仍在那里一锤又一锤地敲打铁球，全神贯注的态度丝毫未变。大概四十分钟后，前排的一位观众突然大叫起来——"球动了！"人们果真发现在小铁锤的不断敲打下，大铁球开始摆动起来，而且摆动的幅度不小，连吊球的架子都发出了声响。这声响虽然不大，但却震撼了观众们的心灵。最后老者开口了。他只说了一句话："在成功的道路上，你能不能耐心地等待成功的降临？如果不能，你只好用一生的耐心去面对失败了。"

男人人生中的风景需要耐心地"施肥"。只不过，耐心多换取的，一个是成功，另一个是失败。当然，与其只好用一生的耐心去面对失败，肯定不如用耐心去等待成功的降临。虽然等待成功降临的耐心需要的时间可能是一年、两年、十年、二十年，甚至更久，但是总比只好用一生的耐心去面对失败的那个一生的时间要短，甚至于短很多。

"股神"巴菲特曾这样描述过他的长期持有理念："如果你没有持有一种股票十年的准备，那么连十分钟都不要持有这种股票。"巴菲特曾在1970年以1000多万美元买入华盛顿邮报股票，到1999年时已经增值到9.3亿美元，在二十七年内这只股票增长了86倍，耐心使得巴菲特获得了丰厚的回报。试问，世间的男人有几个能够用二十七年的世间等待一只股票的增长？无怪乎"股神"只有一个！

在现实生活中，如果一个男人没有耐心或者缺少耐心，几乎就注定了他以后人生的失败。

很小的时候我们就听过挖井的故事，是说一个人在一个地方挖井，挖了一阵没挖出水来，就不再往下挖了。他换了一块地方重新开始，可是挖了半天

还是没水，于是他又放弃了那里，再一次选新的地方挖井。于是他最后得出结论，这里的地下没有水。事实上只要他在一个地方一直挖下去就会挖出水来。耐心很多时候是决定成败的关键。

耐心是一种锲而不舍得追求，是一种度量，更是一种人生深度。耐心是男人在年轻时铸就辉煌人生的跑道，你不知道它的终点在哪里，更不知道它到底有多长，自己的脚步要迈多久，但只要你踏踏实实地跑下去，终会到达充满鲜花和掌声的理想的彼岸。每个二十多岁的男人都有他想实现的梦想，不管梦想是大是小，都能够辅佐他不达目的决不罢休。

感恩的心态带来成功

一个男人能够心怀感恩，把身心全部融入工作之中，当积极和热情成为一种习惯时，便拥有了回报——快乐的情绪能够带来业绩，个人的职业生涯就会变得更为圆满，事业则更有成就。

感恩，使我们在失败时看到差距，在不幸时得到慰藉、获得温暖，激发我们挑战困难的勇气，进而获取前进的动力。感恩周围的一切，包括坎坷、困难和我们的敌人。

事物不是孤立存在的，没有周围的一切就没有你的存在。就连阻力都是动力的反作用力。换一种角度去看人生的失意与不幸，对生活时时怀一份感恩的心情，则能使自己永远保持健康的心态、完美的人格和进取的信念。

作为一个风华正茂的男人，无论在事业上遇到什么样的境况，都应该学会用感恩的心态去面对。

失业的史蒂文斯在报纸上看到，有一家软件公司要招聘程序员，待遇不错。史蒂文斯带着资料，满怀希望地赶到公司。应聘人数之多超乎想象，很明显，竞争将会异常激烈。

凭着过硬的专业知识，笔试中，史蒂文斯轻松过关。然而在面试中考官提出的问题让他措手不及，是关于软件业未来的发展方向。这些问题，他从未认真思考过，落聘是意料之中的。

回家后，史蒂文斯认真总结教训。公司对软件业的全新理解，令他耳目一新、印象深刻。虽然应聘失败，但他感觉收获不小，有必要给公司写封信，以表感激之情。于是立即提笔写信：贵公司花费人力、物力，为我提供了笔试、面试的机会。虽然落聘，但通过应聘使我大长见识，获益匪浅。感谢你们为之付出的劳动，谢谢！

这是一封奇特的信，落聘的人没有不满，也毫无怨言，竟然还给公司写来感谢信，真是闻所未闻。这封信被层层上递，最后送到总裁的办公桌上。总裁看了信后，一言不发，把它锁进抽屉。

三个月过后，新年即将来临，史蒂文斯仍然失业在家。这天，他收到一张精美的新年贺卡，上面写着：尊敬的史蒂文斯先生，如果您愿意，请和我们共度新年。祝您新年快乐！贺卡是他上次应聘的公司寄来的。原来，公司上次招聘的一个员工跳槽，出现空缺，他们不约而同地想到了史蒂文斯。

那家公司现在闻名世界——美国微软公司。十几年后，凭着出色的业绩，史蒂文斯一直做到了副总裁。

常言道，"滴水之恩，当涌泉相报。"人不可不懂感恩，感恩是人最基本的素质。感恩更会丰富人生的积淀。它能给自我一种深刻的感受，能够增强个人的魅力，开启神奇的力量之门，发掘出无穷的潜能。感恩也像其他受人欢迎的特质一样，是一种习惯和态度。

有时候，快乐根源于一颗感恩的心。很多男人在二十几岁的时候会常常感叹工作的平淡无味，有时会心烦工作的琐碎繁重，有时会气馁于工作上的某种失败，但只要他们能时常怀有感恩的心态，便能用一种感恩的眼光去看待工作，他们便能积极地去营造自己的工作，在快乐中工作，在工作中享受成功，做一个真正的职场情绪"环保者"。一个懂得感恩和珍惜的年轻男人，他的脸

上会充满发自内心的知足和快乐。会感恩的人，才是积极乐观、主动进取、敬业乐群的人。

杰克是美国一家麦当劳的员工，每天的工作就是不停地做很多相同的汉堡，没有什么新意，但是他仍然非常快乐，从来都是用满怀善意的微笑来接待他的顾客，几年来一直如此。他的这种真挚的快乐，感染了很多人。有人不禁问他，为什么对这样一种枯燥无趣的工作感到快乐？究竟是什么让他充满热情？

杰克回答道，我每做出一个汉堡，就知道一定会有人因为它的美味而感到快乐，那我也就感到了我的成果带来的成功，这是多么美好的事情。我每天都会感谢上天给我这么好的一份工作。

由于杰克的快乐心情，这家店的生意越来越好，名气也越来越大，最后传到了麦当劳公司总管的耳朵里，于是，杰克得到了总公司的一个重要职位。

一个男人即便才华横溢，但对工作没有热情，只是停留在表面上的雇用关系，做一天和尚撞一天钟，他就永远不会有升迁的机会。

奎尔是一家汽车修理厂的修理工，从进厂的第一天起，他就开始生气：修理这活儿太脏了，瞧瞧我身上弄的，而且没有高额的薪水。他每天都在不满的情绪中度过，认为自己在像奴隶一样卖苦力。他每时每刻都窥视着师傅的眼神与行动，稍有空隙，便伺机偷懒耍赖，应付手中的工作，并且时时刻刻盼望着早点下班。

转眼几年过去了，一同进厂的几个工友，各自凭借精湛的手艺，或另谋高就，或被公司送进大学进修，唯有奎尔，仍旧做着他自己讨厌的修理工作，仍旧沉浸在无法升迁的痛苦之中，碌碌无为地应付每一天。原来，不快乐的最大受害者，就是自己。

正如余秋雨所言："工作的追求、情感的冲撞、进取的热情，可以隐匿却不可贫乏，可以恬然而不可以清淡。"当一个男人能够心怀感恩，把身心全部融入工作之中，当积极和热情成为一种习惯时，便拥有了回报——快乐的情绪能够带来业绩，个人的职业生涯就会变得更为圆满，事业则更有成就。这样便可感受到双重的乐趣：工作不再仅仅是一种职业，更成为了一种享受。快乐也是一种态度，这种态度可以改变很多表面看上去枯燥烦恼的事情。

一个用感恩的心对待工作的年轻男人，他会对工作积极负责、热情奔放、激情洋溢；他会工作主动，少找理由，多出成果，千方百计、一丝不苟地完成各项目标任务。二十几岁的男人在工作中都会遭遇困难，关键要凭借感恩的心态去克服。用感恩的心对待工作，就不会为名所诱、为利所惑，应该多想想什么事能做、什么事不能做，任何时候都不能做损害公司或他人利益的事。

以感恩的心态面对一切，包括失败，你会发现，其实成功并不是那么困难。

不以物喜，不以己悲

一个二十几岁的男人无论面对失败还是成功，都要保持一种淡然的心态，不因一时的失败而妄自菲薄，也不因一时的成功而骄傲自满。

范仲淹曾说过，"不以物喜，不以己悲。"这句话的外在意思是不因为外物（财物）的丰富、富有而骄傲和狂喜；也不因为个人的失意潦倒而悲伤。

男人在年轻时必然要经历许多风风雨雨，无论面对失败还是成功，都要保持一种淡然的心态，不因一时的失败而妄自菲薄，也不因一时的成功而骄傲自满。

有个村庄住着一位很有名的算卦先生，大家都说他算得准，就是偏偏有这么一个人不相信算卦说，于是他把算卦先生请到家里，想试试到底灵不灵。他请算卦先生先吃了饭，吃完饭之后，拿出一个名贵的茶壶，问道，请给我算算，这茶壶什么时候会碎掉。算命先生看着茶壶，毫不犹豫地说，明天中午。主人很惊讶，以为算命的使用了什么魔法，就说那好我倒是看看你算得灵不灵，然后就把算命先生送走了。

第二天，主人把茶壶小心翼翼地放在桌子上，坐在一边看着，生怕别人碰着，他老婆一点也不知道他算卦的事情，在厨房准备午饭。做完饭后，她就冲

着丈夫喊道，午饭做好了，快来吃饭了，丈夫虽然答应着，却没动地方，一动不动地注视着茶壶。她又喊了一遍，丈夫还没动弹。女人从厨房出来，看到丈夫正盯着桌子的茶壶，连看都不看一眼，不由得怒火中烧，冲过去一把拿起那个茶壶就扔到地上，打了个粉碎。然后她冲着目瞪口呆还没回过神来的丈夫嚷道，我让你看，这下你还看不看了。正在这时，钟声正好敲在12点钟。

人生就像这个茶壶一样，盯得越紧，反而破碎得越快，就像男人们在二十几岁的时候常希望自己事业有成，但当你把一切心思都放在你专注的事情上时，反而发现它离你的期望值越来越遥远，倒不如顺其自然。

胜败乃兵家常事，世上没有常胜将军。人生中的得失，更是如此。因为所有能够决定成败的因素都变化得太快，令人防不胜防，因此人们常说"人算不如天算"。二十几岁的男人即使再年轻，精力也十分有限，再能干的年轻男人有时也会疏忽大意，因此出现失误是正常的事情。成功的年轻男人心态一般都比较好，他们对生活和事业上的得失都看得比较透彻，这也使他们能够把更多的精力投入到其他方面，而不是在一个无法挽回的事情上执迷不悟，苦苦挣扎。

一个老人在高速行驶的火车上，不小心把刚买的新鞋从窗口掉下去一只，周围的人倍感惋惜，不料老人立即把第二只鞋也从窗口扔了下去。这一举动更让人大吃一惊。老人解释说："这一只鞋无论多么昂贵，对我而言已经没有用了，如果有谁能捡到一双鞋子，说不定他还能穿呢！"

一个心态从容淡定的年轻男人善于从损失中看到价值，这是一种人生态度，也是一种大智慧。

从容淡定，意味着有所抗争、有所不争，有所为、有所不为；从容淡定，意味着"三不较劲"原则，"不与天较劲，不与人较劲，不与事较劲"；从容淡定，意味着在大多数时候应该保持淡然的心境，"谦虚谨慎，戒骄戒躁"。在熙熙攘攘的大千世界中，需要男人烦恼的事情已经过多了，男人们又何必再自寻烦恼呢？"世上本无事，庸人自扰之。"

听过一则被人推陈出新的笑话："下雨了，大家都在往前跑，唯有一人不急不慢，在雨中踱步。有人问：'干吗不跑？'回答是：'急什么，前面也下着雨呢！'"

每当人们烦躁不安、急火攻心的时候，喝一口这样的"从容淡定"的良药，不失为排毒养颜、补气安神的好方法——就像这位雨中踱步的"傻人"一样，在人人都像聪明的小鸡一样奔跑的时候，他却淡然地说："急什么，前面也下着雨呢！"他没有告诉你的后面的话是："我正要看看雨景呢！"

一个拥有从容淡定心境的年轻男人，会选择简单、快乐与自信的生活，勇于直面、敢于担当、乐于付出。这样的心态才可能更好地工作，更好地创造，更好地提高自己、修炼自己。

男人的名字叫做坚持到底

如果你好好审视历史上那些成大事、立大业的年轻男人，就会发现他们都有一个共同点：不轻易为"拒绝"所打败而退却，不达成理想、目标或心愿就决不罢休。

比尔·盖茨说："无论遇到什么不公平——不管它是先天的缺陷还是后天的挫折，都不要怜惜自己，要咬紧牙关挺住，然后像狮子一样勇猛向前。"这其实说的是一种坚持不懈的精神，这种精神是我们渡过难关、实现蜕变的一盏导航灯。

"肯德基炸鸡"连锁店的创办人桑德斯上校于65岁高龄才开始从事这个事业，而创办这个事业则是因为他身无分文且孑然一身。当他拿到生平第一张救济金支票时，金额只有105美元，内心实在是极度沮丧。他不怪这个社会，也未写信去骂国会，仅是心平气和地自问这句话："到底我对人们能做出何种贡献呢？我有什么可以回馈的呢？"随之，他便思量起自己的所有，试图找出可为之处。头一个浮上他心头的答案是："很好，我拥有一份人人都会喜欢的炸

鸡秘方，不知道餐馆要不要？我这么做是否划算？"随即他便开始挨家挨户地敲门，把想法告诉每家餐馆："我有一份上好的炸鸡秘方，如果你能采用，相信生意一定能够提升，而我希望能从增加的营业额里抽成。"

很多人都当面嘲笑他："得了吧，老家伙，若是有这么好的秘方，你干吗还穿着这么可笑的白色服装？"但是这些话丝毫没有让桑德斯上校打退堂鼓，整整两年的时间，他驾着自己那辆又旧又破的老爷车，足迹遍及美国每一个角落。困了就和衣睡在后座，醒来逢人便诉说他那些点子。他为人示范所炸的鸡肉，经常就是果腹的餐点，往往匆匆便解决了一顿。在被拒绝整整1009次之后，桑德斯上校的点子才最终被接受。

在历经1009次的拒绝，有多少男人还能够锲而不舍地继续下去呢？恐怕少之又少，也无怪乎世上只有一位桑德斯上校。但是如果你好好审视历史上那些成大事、立大业的男人，就会发现他们都有一个共同点：不轻易为"拒绝"所打败而退却，不达成他们的理想、目标和心愿就决不罢休。

荀子说："骐骥一跃，不能十步，驽马十驾，功在不舍。"这也正充分地说明了坚持的重要性，骏马虽然比较强壮，腿力比较强健，然而它跳一下，最多也不能超过十步；相反，一匹劣马虽然不如骏马强壮，然而若它能坚持不懈地拉车行走十天，同样也能走得很远，它的成功在于不停歇，也就是坚持不懈。这也就像龟兔赛跑：兔子腿长跑起来比乌龟快得多，理论上应该是兔子赢得这场比赛，然而结果恰恰相反，乌龟却赢了这场比赛，这是什么缘故呢？乌龟没有因为自己腿短爬得慢而气馁，反而更加锲而不舍地坚持爬到底。坚持就是胜利，果然，笑到最后的也是它。

接下来让我们来看一下一个美国人的人生轨迹。

21岁——生意失败；

22岁——角逐议员落选；

23岁——再度生意失败；

26岁——爱侣去世；

34岁——角逐联邦议员落选；

36岁——提角逐联邦议员再度落选；

47岁——提名名副总统落选；

49岁——角逐联邦议员落选。

这个不断失败的男人就是亚伯拉罕·林肯。无数次的失败，没有让他气馁，而是激发了他强大的信心，他始终坚持不懈地努力着，终于在他52岁时登上了总统的宝座，成为了名垂千古的伟人。

《劝学》中有这样一句话："锲而舍之，朽木不折；锲而不舍，金石可镂。"意思是只要坚持不懈地努力，即便是金石也能够被打穿。一个二十多岁的男人进行任何一项学习，从事任何一项工作，想取得一点成绩，都要长期地做，由浅入深，由低到高，锲而不舍、百折不挠。冷冻三尺非一日之寒，想靠一点小聪明、一点侥幸心理去应对任何事都不会有好结果。越靠近成功的时候越要坚持，因为任何一次小松懈都可能导致结果的大逆转。

有一位女游泳选手，她发誓要成为世界上第一位横渡英吉利海峡的人。为了达成这个目标，她不断地练习，不断地为这历史性的一刻做准备。终于，这一天来临了。

女选手在众多媒体记者的注视下，满怀信心地跃入大海，朝对岸英国的方向迈进。旅程刚开始时，天气非常好，女选手很顺利地向目标挺进。但是随着越来越接近英国对岸，海上起了浓雾，而且越来越浓，几乎已到了伸手不见五指的程度。女选手处在茫茫大海中，完全失去了方向感，她不晓得到底还要多远才能上岸。她越游越心虚，越游越力不从心。最后她终于宣布放弃了。当救生艇将她救起时，她才发现只要再游一百多米就到岸了。众人都为她惋惜，她自己也后悔不已，毕竟距离成功已经那么近了，如果再坚持一下，肯定可以到达终点。不过如果终究是如果。

也许没有人可以预知成功在何地，但当你选择放弃时却能知道你距离成功还有多远！二十几岁的男人在选定一件事时更要坚持到底，并且要相信正在一

步一步地逼近成功！中途的放弃只会带来失败，既然已经开始就要坚持下去，成功的道路上是充满坎坷的，但最终的喜悦却是你自己最能体会幸福快乐的时刻！

男人要一诺千金

男人的一生，是需要承诺的。做每一件事，都要为自己的行为负责。凡事要慎重思考后才可以去做，一旦对别人或自己许下承诺就务必要遵守，并想尽一切办法去兑现这个承诺。

人生似舟，承诺是推动人生之舟前行的波澜。人生如瓶，承诺是装点人生之瓶的美丽花朵。在生活中，只有做出承诺，才会使一个男人为实现目标而不断地奋斗，才能找到人生的意义和伟大。二十几岁的男人想要干一番大事业，就要勇于对他人、对自己、对人生做出承诺。

西汉初年有一个叫季布的人，他特别讲信义。只要是他答应过的事，无论有多么困难，他一定要想方设法办到。当时还流传着一句谚语："得黄金百（斤），不如得季布一诺（得到一百两黄金，也不如得到季布的一个承诺）。"

后来，刘邦打败项羽当上了皇帝，开始搜捕项羽的部下。季布曾经是项羽的得力干将。所以刘邦下令，只要谁能将季布送到官府，就赏赐他一千两黄金。

但是，季布重信义，深得人心。人们宁愿冒着被诛灭三族的危险为他提供藏身之所，也不愿意为赏赐的一千两黄金而出卖他。

有个姓周的人得到了这个消息，秘密地将季布送到鲁地一户姓朱的人家。朱家很欣赏季布对朋友的信义，尽力将季布保护起来。不仅如此，还专程到洛阳去找汝阴侯夏侯婴，请他解救季布。

夏侯婴从小与刘邦很亲近，后来为刘邦建立汉王朝立下了汗马功劳。他也很欣赏季布对朋友的信义，在刘邦面前为季布说情，终于使刘邦赦免了季布。不久刘邦还任命季布做了河东太守。

这就是著名的《一诺千金》的故事。一诺千金是一种作风，是一种实在牢靠的处世态度和人生观。诚挚、严谨的二十几岁的男人做人做事光明磊落，落地生根，一言既出，驷马难追。这样的年轻男人在生活中往往容易获得他人的尊重和信任。

然而，处在大千世界，有着太多随意许诺却从不兑现的年轻男人。那种人较之于一诺千金的男人似乎活得轻松。可惜，这种情景不会长久，男人失信多了，他的诺言就被当成戏言，信用就会一点点丧失。且不说别人会怎样看轻他，就是他自己，那种无聊、倦怠都会渐渐袭上心头。二十多岁的男人一沾上那种潦倒的气息，做人的光彩就会逊色。

就像为博美人一笑的周幽王。周幽王宠爱一美女曰褒姒。可她进宫以后，一直闷闷不乐，从未笑过。幽王想了许多办法也无济于事，于是就悬赏千两黄金换取佳人一笑。后来，为了博美人一笑，周幽王居然"烽火戏诸侯"，褒姒见到自己戏弄了那么多的人，便真的笑了，可这也是她生命中的最后一次笑。诸侯们奋勇入城，灭了周幽王和这妖姬。周幽王为博美人一笑失信于各诸侯，最终付出了亡国丧命的代价。他也许到死也没弄清楚一个道理：信用一旦失去了就难以挽回，很多时候失去信用就等于失去一切。

泰戈尔说："信用的坠地，犹如打碎的镜子再不能重圆。"男人的一生，是需要信守承诺的。做每一件事，都要为自己的行为负责。凡事要慎重思考后才可以去做，一旦对别人或自己许下承诺就一定要遵守，并想尽一切办法去兑现这个承诺。

每个二十多岁的男人都有自己的理想和所追求的目标，这就像是一个承诺，不仅是对父母的承诺、社会的承诺、自己的承诺，也是对生命的承诺。

世界上最大的互联商务网站阿里巴巴的掌门人马云，是一个学英语出身，手里没钱，不懂电脑，甚至到今天也承认不太懂电脑的人。这样一个人，在群雄并起的IT界异军突起，最终胜出，真的是令人叫绝。到底是什么力量，让他取胜，真应了陆游那句话，"要想做好诗，功夫在其外"。并非马云有多懂

电脑，多懂互联网，而是他的理念和人格成就了他。他的理念和人格是什么，用他的话说也很简单，遵守承诺。

纵观马云的历史，他做事要求不很高，但有特点，凡有承诺，一定兑现，答应别人的事，一定做到，他毕业后工资130元，人家以1300元的工资挖他，他没去。因为他对原单位有承诺，要做满5年，他不能违背自己的承诺。后来他的许多事，无不如此，凡是他许下的承诺，不管大小，都努力遵守，多少个网络服务公司倒下了，他的公司却成功了，他的道理都是如此简单和朴实。他甚至还说，他从来没有过自己的商业计划书，听起来令人不可思议。他的解释很简单，那么大的一本商业计划书，计划就是对未来的一个企业的努力方向和承诺，行业变化这么快，厚厚一本书，又怎能去兑现呢？不能兑现的承诺，就不要去做。其开成坦率，令人钦佩。

世上的事情都是说起来容易，做起来难。年轻的男人们往往太容易许下承诺，但很多时候却遵守不了承诺。西方人有句话：商人和骗子只有一步只遥。商人兑现自己的诺言，而骗子拿了钱就消失得无影无踪。然而在事情开始的时候，商人和骗子所做出的承诺是完全一样的。男人不要在不经意间成了"骗子"。

一个男人想要做出一番成就，还要在兴趣与承诺之间做出区分。当一个二十多岁的男人感兴趣做某事时，他仅仅是在方便的情况下去做。但是，一个二十多岁的男人承诺做某事时，无论发生什么，他都必须一以贯之地进行这件事情！

很多年轻男人都是凭兴趣做事，而不是依承诺做事，也就是说，他们要尝试去做某事，却不真正去做。他们下了很多次决心，但没能去追求。一个"感兴趣的"练习者在要下雨的早晨醒来后说道："我想我将在明天去练习。"一个"有承诺"的练习者却说："我最好在室内练习。"

当一个真正的男子汉承诺做某事时，即使有困难，他们也会信守承诺。他们在细节上的"斤斤计较"和在事业上的坚持不懈，常常成为他们成功路上的奠基石。

第11章
男人修身养性,品格比能力更重要

在男人的一生中,修养和品格直接决定着成就的高低。走入社会,知识与技能让你得以立足,而人性之美、品德之光才是一个男人真正得以创立事业、提升人生境界的法宝。哲人说,一个有修养、有素质的男人,才是最有魅力的男人。男人的完美不在于他的博学,不在于他的能力,如果失去了良好的品格,就算再有才华和学识也最多只能算是这个社会的棋子,一个没有灵魂的躯壳。年轻的男人就如船锚一样,要想发挥作用,就必须先埋没自己,修炼品行,提升修养。

诚实是男人开启人性之门的金钥匙

他的诚实就像沁人肺腑的香水，散发着芬芳魅力，吸引众人。

当母亲带着疲惫的微笑将你带到世上，身为男子的你便要背起一副重担。命运指给你一条光辉而艰难的路，并骄傲地对你说：走吧，因为你是顶天立地的男子汉。因为你是男人，因为你年轻，不过二十多岁，注定你此生将有所作为；注定你将拥有惊天动地的威力；注定你将成为一座高山、一片汪洋；注定你将生命的意义展现得淋漓尽致。

成为人人敬仰、称道的好男人将成为你毕生的追求，而好男人的标准是什么？说话铿锵有力、掷地有声，性格豪爽坦诚、洒脱豁达，做事干脆利落、说到做到，做人更要堂堂正正、真诚待人。

黔娄，战国时期鲁国人，学问、修养都非常出色，无奈家徒四壁，但却以贫寒之身，迎娶了施良娣，贵族出身的千金小姐，夫妇俩一生过着清贫却恩爱的生活。

他们清贫的程度竟达到黔先生死后，身上盖着的破麻布单子不能蔽体。虽如此，却不能阻挡他们相知相爱，前来吊祭的孔子高徒曾子对施夫人说："斜着盖可以把先生盖严了。"施夫人说："斜着盖固然可以有余富，却不如正着盖而盖不全的好，先生生前为人正而不斜，死后斜而盖之，绝非先生本意。"曾子不知道如何回答，唯有感叹道："唯斯人也，斯有斯妇。"

这世上，没有无缘由的爱和厮守，更没有哪个女人会抛弃富贵甘愿贫穷。况且，是在阶级等级划分严格的战国时期，那么，使施夫人宁愿抛却荣华而追随黔先生一生的正是他的正直、诚实与守信。也因如此，曾子才会发出"唯斯人也，斯有斯妇"的感叹，即你是什么样的男人，决定你将拥有什么样的女人。

当诚实成为一个男人光明正大、随时随地保持的品行时，这个男人已经具备了成为好男人的力量。

男人要诚实，诚实是最有力量、最有信心的表现。真话最好说，不假思索，怎么表达都是真诚的；谎话最难讲，再怎么精妙也总有疏漏，所以，男人大可不必自己找罪受。

诚实的男人豪气满胸、光明磊落、敢爱敢恨、敢作敢为、知难而进、愈挫愈勇。他们对待人生，能用诚实做火把，照亮自己和别人，驱走人生中的黑暗；对待爱情，能爱得轰轰烈烈、海枯石烂，为佳人营造幸福的港湾；对待失败，能以诚实为座右铭，虽败犹荣，赢得对手的尊重和东山再起的决心。诚实的男人，经营着踏实的人生，而不是一场游戏一场梦。

著名画家齐白石，在他七十多岁的时候，曾对人说："我才知道，自己不会画画。"人们听后，齐声称赞老人谦逊。老画家却说，我真的不会画。当然没有人相信他说的话，而全将此归为老画家的谦虚。齐白石的成就固然举世瞩目，但他从古往今来、世间万物的无穷变化中看出自己能力的些微，这是面对真理时的谦虚和谨慎。在真理面前，一个人光明磊落地坦白，是一种可贵的诚实，是做人的极致。

诚实的男人在人际交往中，真诚对待朋友与各类应酬，用真心交朋友，并借由诚挚的交往建立起深厚的友情；在工作中表现真实的自己，与上级保持良好的关系，与同事建立起信任无间的协同关系以更好地开展工作。他们在面对想成就的事业，执着而坚守自己的做人准则，保证自身利益不受损害的同时，诚实守信地善待着合作伙伴或竞争对手。

诚实的男人大方从容，他们的一举一动让你无法怀疑他们的真实。他们可以坦诚地面对自己的出身、处境，笑谈对世事的看法；诚实的男人自由自在，

他们比奸诈的人更轻松、更有智慧，身心没有机关重重的压力而活得更自如；诚实的男人严谨安分，稳重坚韧，是值得信任的中坚力量，赋有质朴、真诚的品质，往往能在稳定中发展事业。

诚实的男人聪慧机智、生气勃勃，他的诚实就像沁人肺腑的香水，散发着迷人的芬芳；他的诚实就像神奇的钥匙，能开启心灵深处最真实的智慧和感受；他的诚实就像迎风飘扬的旗帜，能指引最宽阔的路途和最美好的前景；他的诚实就像饱含诚挚的真情之笔，能在波涛汹涌的人生浪潮中描绘人生的壮丽画卷。

果断是男人生命意志的急速显示

男人的果断，如种子坚强地冲破岩层的禁锢，终获阳光的洗礼；如幼鹰艰难地飞出暖人的小巢，迎接广阔天空的挑战。

在男人的一生中，始终肩负着责任和压力这两个担子。时而感觉迷茫、疲惫，时而更期盼自己的生活能在某个时刻发生重大的改变。他们极度渴望有个天赐的良机光临，但当真正的机遇出现时，又难免失去判断的能力，前思后想，投鼠忌器，以致与机会擦肩而过。

成功者告诫后来人，只有果断判断，才有可能把握机遇，品尝到成功的喜悦，抵达胜利的彼岸；反之，思前想后，顾虑重重，只能在一次次错过了难得的机会之时，后悔莫及，抱憾终生。

男人的果断，如种子坚强地冲破岩层的禁锢，终获阳光的洗礼；如幼鹰艰难地飞出暖人的小巢，迎接广阔天空的挑战；如花苞毅然地绽放，展现芳华，赢得世人的瞩目；如潺潺的小溪，努力地向着大海前行，等待着万丈波涛的考验。

任何一个男人，都注定要离开温暖的小家，选择远方，既然如此，又何畏风雨兼程，应果断地作出人生的种种选择，即使等待你的是狂风暴雨，也总会成为幸福的回忆。

班超，东汉年间班固的弟弟，曾帮助班固一起撰写《汉书》，但他一直不甘愿将抱负施展在纸笔上，毅然弃文从武，参与了对匈奴的战斗。他果断的性格使他屡建奇功。后来，东汉王朝派他出使西域，游说各国以共抗匈奴。

班超手持汉朝的节杖，带着数十人组成的使团出发了，首先来到了鄯善国，觐见了鄯善国国王，他说："陛下，大汉皇帝派我来，希望联合贵国共同对付匈奴。我们都饱受匈奴入侵之苦，应该同仇敌忾，匈奴才不敢再猖狂肆虐呀！"鄯善国国王早闻汉朝乃泱泱大国，不容小视，现又见汉朝使者庄重威仪，颇有大国之风，果然名不虚传，连连称是道："说得太对了，请您先在鄯国住几天，过两天再具体商议联合抵抗匈奴之事吧。"

于是班超他们就住下了。头几天，鄯善国国王对他们热情以待，但没多久，班超便察觉国王对他们颇冷淡，常找借口避开他们，即使见上了，也绝口不提抗击匈奴之事。

班超有种不祥的预感，他召集同僚分析说："鄯善国国王对我们的态度越来越不友好了，估计是匈奴也派了人来游说他，我们必须去探察一番，搞清事实。"夜里，班超派人潜进王宫，果然发现国王正陪着匈奴的使者谈笑，甚是投机，于是马上回来报告班超。接下来的几天，班超又设法四处打听，发现匈奴不但派了使节，还带了百名全副武装的随从和护卫。他立刻意识到已面临严重的形势，便马上召集人手研究对策。

他说："匈奴已经派来了使者，说动了鄯善国国王，如今我等处于极度危险中，如若再不采取措施，等鄯善国国王被说服，我们就会成为他们结盟的牺牲品。到时候，我们牺牲是小事，国家交付的使命就失败了。大家说该怎么办？"大伙齐声道："我们服从您的命令！"班超猛击桌子一下，果断地说："不入虎穴，焉得虎子！现在只有下决心灭匈奴，才能完成使命！"当夜，班超就带人冲进匈奴所驻的营垒，趁他们不备，以少胜多，将这些匈奴人全部杀

死了。

隔天，班超提着匈奴使者的头去见鄯善国国王，当面指责他说："您太不像话了，既答应和我们结盟，又背地里和匈奴接触。现在匈奴使者已全被我们杀死了，您自己看着办吧。"鄯善国国王又惊又怕，便和汉朝签订了同盟协议。班超的举动震动了西域，其他国家也纷纷和汉朝签订同盟并示友好。班超圆满地完成了使命。

正是班超的果断，敢冒必要的危险，才化解了危机，斩获了成功；否则，后果不堪设想。果断是男人手中的一柄利剑，挥起时闪现夺目寒光，落下时留下声声脆响，在这起落之间，纷繁思绪顿时断开。

果断是男人内心的力量，其强度美往往通过男人的一举手、一投足、一转身展现出来；果断是男人生命意志的急速显示，其力度美诞生于斩断混乱的每一刹那；果断是男人拔地而起的阵阵雄心，其魅力美衍生出世人敬仰的目光。

果断的男人彰显着凝聚的品性，给人以安全感，坚如磐石，让人依靠。果断的品格传达着他们内心的控制力和对现实的把握力，能驱散紧张弥漫的空气。他们处世百折不挠，即使失败了也绝不气馁，不会借酒浇愁、一蹶不振，敢于承认自己的错误并承担责任。他们待人豪爽坦荡、有谋有略、狂放而不傲慢、谦逊而不自卑、敢爱敢恨、敢怒敢言、敢说敢做、敢做敢当。

这般闪烁着耀眼光芒的男人，释放着来自生命内在旋律独有的吸引力，让人感受恒久的魄力，他们终将成长为这个世界的顶梁柱，可以一无所有却坐拥天下。

善良是男人生命中至纯至美的黄金

善良的男人，如黑暗茫茫中的星星之火，给人以光明；如干涸枯竭时的滴滴甘露，给人以滋润。

第 11 章 男人修身养性，品格比能力更重要

男人最宝贵的品质就是善良。法国作家雨果曾说过："善良是历史中稀有的珍珠，善良的人几乎优于伟大的人。"中国历来的传统文化也将"善"字摆于首位，如强调与人为善、乐善好施、独善其身等。

善良，不是男人举止的温文尔雅，也不是男人财富的腰缠万贯，更不是男人权势的呼风唤雨。善良的男人，如黑暗茫茫中的星星之火，给人以光明；如干涸枯竭时的滴滴甘露，给人以滋润；如徘徊迷惘时的片句点化，给人以希望；如迷惘无助时的一把搀扶，给人以寄托。真正善良的男人对人的关怀来自心灵深处的真诚同情与怜惜、无私关爱与祝福，无须刻意掩饰，其本身就是他们内心最原始的一种纯朴、纯洁感情的升华。

在《天下无贼》中扮演"傻根"的王宝强原来是个籍籍无名的小演员。他曾因《盲井》中的精彩表现而获得第40届金马奖最佳新人奖。

在当时的颁奖地，当他排队上洗手间时，他发现当晚的嘉宾之一刘德华先生就站在他的后面。王宝强忙笑着谦让，请刘德华先进。刘德华却微笑着说："不！不！不！，你先请！"一句"你先请！"，让王宝强感受到了巨星的平易近人与和蔼可亲。

当王宝强上完卫生间，在洗手的时候，却遇到了难题，无论他使出浑身解数，就是不见水龙头滴出一滴水来。王宝强急得不知所措、满头大汗，因为身后还有很多人等着洗手。

这时，已经洗完手正朝外面走的刘德华无意间从壁镜中注意到了王宝强的窘态，于是他回转身，低着头装作手没洗干净的样子，边走边抠自己的指甲，当走到水龙头跟前时，他把一双手平静地伸到水龙头下面，两秒钟后，水哗哗地流了出来。

王宝强这才恍然大悟，哦，原来是感应水龙头！难怪自己一直鼓捣它就是不出水呢！王宝强赶紧学着刘德华的样子伸出双手，当水哗哗流出来时，王宝强轻舒一口气，向刘德华投去感激的一瞥，刘德华装作什么都不知道，若无其事地走了。

刘德华的善解人意借由如此简单的举动便展现得淋漓尽致。他不露声色地帮助王宝强解了围,丝毫不显做作、矫情,他的善良如春风般地滋润着王宝强作为一个羞涩新人的心田,同时也彰显了他作为天王巨星的大家风范、不凡修养与气度。

并非每个男人都具有善良的品质,但人人都能感受到善良男人的与众不同。善良不是每个男人与生俱来的附着物,而是在净化自身心灵的过程中得到升华的人格成分。我们所感受到的善良男人,如天使背部洁白轻柔的羽毛,让人感觉到温暖窝心;如大力神赫拉克勒斯宽阔厚实的胸膛,让人感到温暖窝心。男人的善良看起来很简单:像是酷热中一股沁凉的风,严寒里一把温暖的火,负重上坡时后背的推手,贫困潦倒时一张无署名的汇款单,富甲一方时一句逆耳的忠告,失意沮丧时一句真心的安慰……甚至,只是一个真诚的、淡淡的微笑。

"卧冰求鲤"讲述的就是这样的善良:北风呼啸,寒风凛冽的时节,王祥顶着大风,从山里打柴回到家里却感染了风寒,刚入家,便难受地躺下了。随后,继母走进房内对他说:"起来,快去给我和你父亲把炕烧热!"

"我……"没有等王祥把话说完,继母就大喊起来:"懒猪,还不快起来干活!"

王祥只好强打精神起了床,按继母说的去做。这时,父亲回来了。继母立刻在其面前道:"夫君,他今天异常懒惰。方才我发现他没有烧炕就睡大觉了。岂有此理!"父亲一听,立即叫来王祥,训斥道:"祥儿,今日你不干完活就睡懒觉。到底为何?""父亲,今日我……"王祥有口难言。平时,他无论受多大委屈,也从不顶撞父亲。只得委屈地退了出去。

不久,继母感到很不舒服。父亲叫来郎中,郎中声称要治好这病,喝鲤鱼汤才能见效。可这季节,市场上根本就没有鲤鱼卖,怎么办?大家都在发愁。这时,王祥独自一人向村外那条河走去。

"王祥,你去哪?""我去村外那河上。""大冬天那里都封冰了,你去

那里干什么？"

"父亲，你别管了！""那孩子肯定又是去那里玩了。你看看，要这孩子有啥用？这么多年，我看是白养了。我如今重病在身，他竟然跑出去玩，真是不孝之子！"

河面上结了厚厚的冰。王祥脱掉上衣，躺在冰上，硬是用自己的体温融化了一块冰，他敲开冰，见冰下有好多鲤鱼，于是他不顾其他，伸手就抓到了两条鲤鱼，高兴地带回了家。

"爸爸，有鱼了，有鱼了！""哪来的？"父亲感到莫名其妙。王祥详细地解释了得鱼过程。王祥的父母颇受感动，尤其是继母，她羞愧不已，拉着王祥，羞怯地说道："祥儿，你真是个好孩子，以前为母错怪你了，以后我再也不会嫌弃你了。"

父亲也说道："祥儿为人善良，宽厚待人，这下，你生母可以在九泉之下安息了。"一时间，三人欢乐地相拥在了一起。

如此善良的小王祥，用一颗朴实无华的心融化了继母的心，也为凛凛寒冬带来了丝丝温暖。

播种善良的男人，才能令人尊敬，因为善良是男人生命中最纯美、最高贵的品质。男人多一些善良，才能在生活中感受到美好和幸福。心存善念的男人，就像雪山脚下的淙淙溪流，每一滴聚合的都是圣洁纯净的雪水、汇集成溪的善良之水，一路欢声笑语，洗涤着沿途的污浊、腐朽、风尘，洋洋洒洒地汇入人生的江河大海，周遭众人也因此感受到最本真的快乐。

男人的宽容是说服自己的过程

宽容是男人待人处世的一种态度、一种美德。宽容是男人最好的品质，如大海之宽广无边，如天空之辽阔深沉。

做男人要宽宏大度，俗话说："宰相肚里能撑船。"在现代社会，宽容也渐渐成为度量男人涵养的重要指标，成为男人立于世间的名片。宽容的男人，行事平和、厚德载物、雅量容人、推功揽过、能屈能伸，处事方圆有道，待人宽严适宜。

拥有"海纳百川，有容乃大"胸怀的男人方能积聚过人的智慧，当他显露出如此宽容时，他才能抱有雄才大略，静心放下些微薄利和扰人琐事；在人生之路上行走得坦坦荡荡，无拘无束；能在各行各业中独领风骚，为世人展示出类拔萃的傲人佳绩。男人拥有宏大而有力度的行事风格常会凸显出人意料的智慧，不为小功小利所动，成长为一世英才。

古时候，有位德高望重的长老，在寺院的高墙边发现一把座椅，他知道有人借此翻墙出寺。随后，长老搬走了椅子，而自己凭感觉在这里等候。午夜，外出的小和尚回来了，他爬上墙，想再跳到"椅子"上，却觉得"椅子"不似先前的硬邦邦，相反，软软的甚至有点弹性。落地后小和尚定睛一看，才知道所谓的"椅子"原来是长老，恍然大悟后，发现自己跳在了长老的身上，长老是用脊梁来迎接他返回来的。随后，小和尚仓皇离去，这以后一段日子他诚惶诚恐地等候着长老的发落。但长老并没有这样做，甚至，压根儿没提及这"天知地知你知我知"的事。小和尚感动于长老的宽容，此后，他收住了心再没有去翻墙，经过日夜刻苦的修炼，最终成为了寺院里的佼佼者，若干年后，也成为了这里的长老。

小和尚后来的大有作为，和当初长老的宽容息息相关，正是这难得的宽容唤醒了他的潜意识，为他的人生之舵指明了方向。男人的宽容不仅是一种海量，更是一种修养促成的智慧，只有胸襟开阔的男人才会将宽容应用得灵活自如；反之，长老如果搬去椅子或对小和尚"杀一儆百"也完全是情理之中的，也同样会迫使小和尚反省、收敛，但这种方式势必会使结局大相径庭，更改小和尚精彩的人生。

宽容是男人最好的品质，如大海之宽广无边，如天空之辽阔深沉。男人宽

第 11 章 男人修身养性，品格比能力更重要

容才能练就温和的性情、良好的修养、适宜的社交，凡事既有自己的观点和看法，亦能包容他人；男人宽容才能培养温柔的心思、适度的柔软，不会轻易发脾气，懂得控制自己的情绪，处世恰到好处；男人宽容才能造就成熟守信、理智处世、严明应对、镇定平稳，不逃避推御、有担当，实现对人生的远大追求。

一次，理发师在为周总理刮胡子，周总理突然喉咙不适，咳嗽了一下，刀子立即把脸刮破了。理发师十分不安，不知所措，但令他惊讶的是，周总理并没有责怪他，反而和蔼地对他说："这不能怪你，我咳嗽前没有向你打招呼，你怎么知道我要动呢？"

这仅仅是区区小事，却让我们感受到周总理的宽容，周总理之所以能成为万人敬仰的领袖，与其拥有的宽容魅力密不可分。古语说："雁过留声，人过留名。"你拥有了宽容的心态，才能不为利所惑，不为名所累，成为一个豁达之人、高洁之士。

宽容，是男人的一种美德，不苛责万事万物，欣赏世上各种美景；宽容，是男人的一种博大，用一颗友善的心，容纳别人或自己的缺点，装下整个世界的风霜雪雨；宽容，是男人的一种福气，一生中福气有多种，其中最恒定的，就是宽容，因它并不是谁给予的，而是对自我的赐福。

男人的宽容不是忍让，而是一个说服自己的过程。男人付出的宽容越多，就越会拥有虚怀若谷的心胸。宽容的男人心有磐石般意志，胸怀经世济邦之策，能包容一切，脱离低级趣味。宽容的男人在工作中能集结全部力量，和众人一同成就霸业。欲做杰出的男人，请拥有一颗豁达宽容的心吧！

第12章

男人修炼品格，积极乐观为第一

心理学家曾指出：乐观能使人们处于放松、自信的状态，能使人们看到积极、阳光的一面，也能发现新的一面，而不是自暴自弃或怨天尤人。同样，成功和失败的区别在于心态的差异：成功者着意亮化积极的一面，失败者总是沉迷消极的一面。心态是个人的选择，有成功心态者处处都能发觉成功的力量。因此，生活中的男人们，在人生的路上，无论你遇到怎样的挫折，你都要积极面对。选择了积极的心态，就等于选择了成功的希望。

男人的名字叫坚强

现实中，坚强就是支撑男人站立和前行的武器与力量。

当一个男人呱呱坠地时，就已经注定他必须要坚强地面对未来的一切！摔倒了，不能哭，因为爸爸曾说过：你是男子汉；失败了，不能哭，因为妈妈曾说过：你是男孩子；受挫了，不能哭，因为亲人们曾说过：男子汉大丈夫，不要怕！是的，一切的一切你都要坚强地面对：事业的失败，感情的失恋，工作的挫折，有苦有泪只能埋在心里，因为你是男人，你的名字就叫坚强！

坚强是男人顶天立地的积蓄，是男人血肉之躯的支撑，是男人在任何逆境中得以顽强生存的灵魂；坚强是男人隽永悠长的内在品质，是男人触摸不着的坚定信念，是男人面对苦难的过人毅力。坚强的男人，能在暗淡的现实与不灭的理想的斗争中孕育更强大的力量，在感性和理想的冲突中滋生更纯粹的动力，将颠沛流离的生活演绎得坚毅动人。

洪战辉，一个坚强的男人，是湖南怀化学院的一名大学生。从高中起，他便一边勤工俭学，一边照顾患病的父亲和捡来的小妹妹，如今已是第12个年头了。

在他12岁时，他父亲由于精神病发作摔死了年仅1岁的妹妹，而后离家出走。几个月后，当他父亲回家时，带回了一个弃婴——"小不点"，她的到来，给家里带来了久违的欢乐。无奈家境贫寒，他母亲不得不再次丢弃"小不点"，当洪战辉看到"小不点"那依恋"哥哥"的可爱神情时，毅然决定留下了这个可爱的"妹妹"。留下妹妹后，母亲不堪忍受父亲的病情和家境的艰难弃家出走。从此，照顾家人的重担落在了年仅13岁的洪战辉的肩膀上，但他从未想过辍学。

1997年，他考上了省重点高中，由于学校离家太远，他决定带着3岁的妹妹上高中，这是他最艰难的时期。如何挣钱成了他繁重学业之余最大的任务，这期间，洪战辉虽曾因父亲再次犯病而一度辍学，但他还是坚持下来了，读书、打工、做小买卖，他吃尽了苦头却从未退缩过，从没有动摇过学习求上进和抚养与自己毫无血缘关系的妹妹成人的念头。不难想象，洪战辉忍受了多少常人无法想象的艰难与痛苦，这样的坚强令人感动。

随后，他考上了湖南怀化学院经济管理系。尽管洪战辉在小小的年纪里，就历尽艰辛受尽磨难，但他从没有向别人道过苦，也没有向别人乞求过，更没有怨天尤人，始终表现出豁达乐观的人生态度。他如此动人的故事从没有张扬过，只有要带着妹妹上大学这个特殊事例才惊动了学校、惊动了老师和同学，学校破例同意他带妹妹上学的请求，并给他们单独安排了一间宿舍。在得知他的遭遇后，广大师生还自发为他捐款，却都被婉言谢绝。他甚至还用打工挣来的钱资助了另外一名贫困生。

洪战辉，坚强如此，震撼人心！男人，只有充分具备了不怕困难的顽强意志及豁达乐观的人生态度，才能看到明天的希望！男人的一生会遭遇很多困难，面对绝境的时候，才是检验一个男人实力的真正时候，能考验他们的承受能力、处理问题的方法及坚强的程度。

跌倒了，不用担心，从容地笑着对自己说：爬起来就行了，我还年轻着呢。不用为这绊脚石而伤心，它不过是人生成长的磨炼罢了，没必要去为这次跌倒而伤心。伤痛留下的伤疤只会成为永恒的回忆，而每一道伤疤都会告诉自己：我是男人，我要坚强。相信命运的前方还会有许多绊脚石，但只要学会坚强，朝着自己设定的目标前进，这辈子就会有出头之日。司马迁正是坚强地承受了身心的巨大折磨，才成就了中华民族瑰宝《史记》的辉煌！

在司马迁为李陵投降匈奴之事辩论后，汉武帝认为他为李陵辩护是存心

反对朝廷，于是一气之下，将司马迁下了监狱，交给廷尉审问。审问下来，廷尉为司马迁定了罪——受腐刑，即宫刑。司马迁为官清廉，拿不出钱赎罪，只好受了刑罚，关在监狱里。在受刑之初，司马迁认为受腐刑是件极丢脸的事，他几乎想自杀，但他想到自己还有一件极重要的工作没有完成，不能死，因为当时他正在集中精力写一部书，也就是我国古代最伟大的历史著作——《史记》。

原来，司马迁的祖上几辈人都担任史官，父亲司马谈就是汉朝的太史令。司马迁十岁时，便跟随父亲到了长安，从小就广读书籍。为了搜集史料，司马迁从二十岁开始，就游历各地。他到过浙江会稽，看了传说中大禹召集部落首领开会的地方；到过长沙，在汨罗江边凭吊了爱国诗人屈原；到过曲阜，考察了孔子讲学的遗址；到过汉高祖的故乡，听取了沛县父老讲述刘邦起兵的故事……种种游历考察，使他获得了大量的知识，又从民间语言中汲取了丰富的养料，给后来的写作打下了重要的基础。

以后，司马迁当了汉武帝的侍从官，又跟随皇帝巡行各地，还奉命到巴、蜀、昆明一带视察。父亲过世后，司马迁顶替父亲的职务，他阅读和搜集的史料就更多了。在他正准备着手写作时，就为了替李陵辩护而得罪武帝，下了监狱，受了刑。他痛苦地想：这是我自己的过错，如今受了刑，身子毁了，没用了。但他转念又想：从前周文王被关在羑里城，写了一部《周易》；孔子在周游列国的路上被困在陈蔡，编了一部《春秋》；屈原遭到放逐，写了《离骚》；左丘明眼睛瞎了，写了《国语》；孙膑被剜掉膝盖骨，写了《兵法》。这些名著皆是作者心中郁闷，或者理想行不通时写出来的，我也可以利用这个时候完成这部史书。

于是，他把从传说中的黄帝时代开始，一直到汉武帝太始二年为止的这段时期的历史，编写成一百三十篇、五十二万字的巨大著作——《史记》。

《史记》不仅是一部伟大的历史著作，更是一部杰出的文学著作，司马迁在其中对古代一些著名人物的事迹都做了详细的叙述。他对于农民起义的领

袖陈胜、吴广，给予了高度的评价；对被压迫的下层人物往往表示同情。他还把古代文献中晦涩难懂的文字改写成当时浅显易懂的文字。人物描写和情节描述，形象鲜明，语言生动活泼。

坚强是男人的重要力量，"贫贱不能移，富贵不能淫，威武不能屈"。坚强是男人做人的信念，而信念又是坚强的心理支点。坚强的男人不怨天尤人、不萎靡不振，会执着应对、不愿放弃。纵使岁月流逝，一片丹心不改，仍然顽强前行，这就是坚强男人的悲壮与豪迈！

男人的生存天生是要主动进取的，坚强是必须拥有的意志。前行路途漫漫，而结果却还在西山之外，也许就此夕阳西沉，也许黑夜之后旭日东升、朝霞满天！可抉择与等待是痛苦的，没有坚强的信念，是熬不过寒夜、等不到天明的，坚强的男人就是在午夜中独自徘徊却又如山般巍然屹立在朝露中感受旭日东升的真汉子！

男人要乐观，人生才充满光明

开朗的性格不仅可以使男人经常保持心情愉快，而且可以感染他周围的人们，使他们也觉得人生充满了和谐与光明。

男人做人的最高境界就是乐观。乐观是一种积极的处世态度，是以宽容、接纳、豁达、愉悦的心态去看待周围的一切。乐观的男人往往认为人生是一种体验，一种心理感受，即使外来的因素改变了自身的境遇，无法通过自身的努力去改变暂时的生存状态，也能通过拥有的精神力量来调节自己的心理状态，使其达到最佳，快乐地生活下去。

乐观的心态是痛苦的解脱，是反抗的微笑，是笑对人生的豁达。笑是一种心情，时时有好心情才能生活好、工作好。对男人来讲，生活中，工作上，或多或少总会遇到不如意的事情，但如果能始终保持积极、乐观的态度，认真分

析问题，就能处理好各类问题，发现生活的乐趣。真正的乐观是朴实的、豁达的、坦诚的，与财富、权力、荣誉无关。

苏东坡就是这样一个乐观的男人。宋代被贬的文人很多，但几乎都心境豁达，苏东坡就是其中境界最高的一位，他曾经任杭州通判，并先后任密州、徐州、湖州的父母官。后来因为作诗"谤讪朝廷"罪被贬黄州。宋哲宗时任翰林学士，曾出任杭州、颍州等，官至礼部尚书，后又贬谪惠州、儋州。他的一生可谓起起伏伏，但他一生乐观，留下的诗文中很少有悲观厌世的色彩。

苏东坡在曲折的生活道路上能随遇而安，和他乐观的心态分不开。苏东坡热爱生活，有爱人之心，珍视亲朋师友之间的情谊，对人生、美好事物执着追求，至死不渝。被贬后，他想在当地建一个舒适的家，于是，他把精力全用在筑水坝、建鱼池上，还从邻居处移树苗，托人找菜种。他在田间地头似乎忘掉了贬谪在外的烦恼，像孩子一样快乐地生活着。在田间，当孩子跑来告诉他好消息，说他们打的井出了水，或是他们种的地上露出针尖般小的绿苗，他会欢喜得像孩子般跳起来。他看着稻茎立得挺直，在微风中摇曳，或是望着茎上的露滴在月光之下闪动都会感到得意而满足。他以前是用官家的俸禄养家糊口，而现在自己亲手耕种时他才真正知道五谷的香味。在这种自然的环境中，他的心境逐渐地开阔，开始坦坦荡荡地过起他的小日子，并能以愉快的眼光看待周围的人，快乐地与他们相处。

有人说，心态决定命运。男人做人有时就是一种心态。一个人的心态决定了做人、做事的行为方式，同时，也决定了其结果。生活是一面镜子，你对它做出何种表情，它就如何回应你，所以，不管你生活中遇到哪些不幸，都应该微笑地对待人生。

保持一个乐观的心态，对男人尤其重要。不管要面对何种艰辛，都要相信一切都会过去的，就像一首歌唱的："阳光总在风雨后，乌云上有晴空，珍惜所有的感动，希望就在你手中"。抱着一种积极乐观的态度对待一切事物，这对你的心情、你的人生都会有很大的帮助，也会使你的生活变得更加丰富多彩。

乐观的男人总是能从平凡的事物中发现美，曾有一首诗就道出了这份独特的心境："我曾孤独地徘徊，像一缕云，独自飘荡在峡谷小山之间。忽然一片花丛映入眼帘，一大片金黄色的水仙，我凝视着——凝视着——但从未去想，这景象给我带来了什么财富。我的心从此充满了喜悦，随那黄水仙起舞翩跹。"生活中不乏欢乐，但需要你用心体会。只要有乐观的心态，即使做些极为平常的小事，也会感到满足和幸福。

有一次，苏格拉底跟妻子吵架后，刚走出屋子，他的妻子就把一桶水洒在他头上，弄得他全身尽湿，苏格拉底于是自我解嘲："雷声过后，雨便来了！"

如此一个乐观的男人，当他面临苦难和不幸时，绝不自怨自艾，而以一种幽默的态度来接受。

每个男人都渴望自己的一生是愉悦的，追求人生的快乐，是男人的天性，他们都希望自己的人生奏响的是美丽和谐的音符，谱写的是充满欢歌笑语的旅程。奈何天有不测风云，人有旦夕祸福，在拥有快乐和欢笑的同时，痛苦和眼泪也会随即而至，因此现实生活中才充满了太多的感伤和无奈，但只要你拥有乐观的心态，能坦然地面对人生将遭遇的一切坎坷与磨难、挫折与不幸，必将感染周围关爱你的人们，带领他们享受人生至高无上的喜悦，共同欣赏生命中的万丈红霞！

男人有耐心，人生曲折才有意义

越是曲折的人生越有意义，因此困难险阻正是考验人生的利器，而耐心是最好的武器，能助男人们披荆斩棘。

每个男人最大的敌人就是自己，真正要超越的是自己。生活是需要耐心来

品味的，男人为生活忙碌奔波时，可否给自己一点时间，停下来看看路边的花草树木？即使是常青树，深深浅浅的绿也各有不同，有耐心方能欣赏到错落有致之美。作为男人，要经得起等待，等待命运一幕幕上演，然后耐心地接受这一切，去体味其中的幸福，去感悟其中的善意，只有有耐心才能演出成功，赢得掌声。

生活中的很多烦恼都是因为急切造成的，越急切，就越执着，就越不能心平气和地生活，也就越难以体会到幸福的感觉。相反，安静下来，认真做事、生活，顺其自然，这才是良性循环的起点。生命中的来来往往，我们无法控制，只能左右自己的心：在一切的来去之中，坚持做自己。男人的一生中充满了变化，对于不能预料的未来，唯一可以把握的，就是自己的耐心，坚守自己的耐心。生命是漫长的，耐心地等待，一切自会有回报。

生活中"不如意之事十有八九"，周围也常常会有人抱怨这、抱怨那，这些都需要很多的耐心去容忍。如果身为男人的你没有足够的耐心，那么痛苦的机会就会比较多，自己的精神就会消耗很多。

有一则关于禅宗的趣闻。一个禅宗经过一片树林时，突然发现一只老虎在跟着他，于是他开始跑，但是他的跑法并不匆忙，也不疯狂，而是平顺、和谐的，他在享受那个跑步，因为在想："如果老虎在享受跑步，我为什么不呢？"

那只老虎跟随着他来到了一处悬崖，为了逃避老虎，他就吊在一棵树的树枝上，当他往下看时，发现一只狮子在山谷底下，然而老虎已经来到，就在树的旁边，禅宗吊在中间，抓着树枝，而狮子则在山谷底下等着他。

禅宗笑了，然后他往上看，有两只老鼠，一白一黑，正在咬那根树枝，要将它咬断，于是他大笑着说："这就是人生，白天和晚上，白老鼠和黑老鼠正在咬断树枝，不管我去到哪里，死亡都正在等待着！"这就是人生：没有什么好烦恼的，事情就是如此，不管你去到哪里，死亡就在那里等待，即使你哪里都不去，白天和晚上就在切断你的生命，所以他才放声大笑。

后来他四周望望，因为每件事都确定了，不需要烦恼，当死亡已经确定，有什么好烦恼的？剩下的片刻要好好享受一番，他看到树枝旁有一些草莓，就摘了几颗非常幸福地吃着，据说他就在那个片刻成道。

这就是耐心，绝对的耐心：不管你在哪里，你都要享受此刻，可以不用管未来，活在此刻就好，只有你是满足的，能耐心等待将发生的一切，生命就显得分外有意义：一切焦躁不安将烟消云散，能平心静气地看着蔚蓝的天空，听着悦耳动听的鸟语，逗着草丛中欢乐爬行的甲虫。

男人该以耐心为乐。耐心能帮你积蓄力量，只有经过耐心努力和历尽艰辛实现的愿望，才更令人满足和珍惜。苏东坡说："一年好景君需记，最是橙黄橘绿时"，其实，应该是一年四季皆好景。不管是阳光灿烂，还是刮风下雨，都是好景致，只要耐心地去体会、去欣赏，就会有不同的收获。耐心是男人的一对隐形的翅膀，助你飞得更高。

男人该以耐心为自信。所谓"柳暗花明又一村"，好的事物会来到，只要你相信自己的决定；坏的事物也会来到，只要你有"兵来将挡、水来土掩"的魄力和勇气去面对。

男人该以耐心为洒脱。对任何事都不急不躁，因为欲速则不达，等事情步入正轨后，自然而然速度就快起来了。或许改变性格是不易的，从贸然急进，畏畏缩缩到耐心自信，勇敢执着，是痛苦的。但只要有信心必须经过这一过程，海阔天空就在眼前。

人生的道路是曲折迂回的，有时是平坦的康庄大道，有时是崎岖的羊肠山径。越是曲折的人生越有意义，因此困难险阻正是考验人生的利器，而耐心是最好的武器，能助男人们披荆斩棘。耐心等待或许会延迟理想的实现，但这个过程更有益处，因为它会净化男人年轻的灵魂，教导男人学会对一生受用不尽的许多美德。

男人处世，生一日当尽一日之勤

勤奋不仅是财富的源泉，还是智慧的育床，男人的聪明、才智皆来源于勤奋。

勤奋是男人登向成功的云梯，能够架起通天大道，托你到达璀璨的顶点；勤奋是男人引燃希望的火种，燃烧神赐的天赋和潜能，助你不断超越自我；勤奋是男人奏响理想的音符，谱写命运的乐曲，组成一组组动人的华章。勤奋努力的男人，事业之路上一定会备受垂青。

勤奋是男人打开成功之门的一把钥匙、唯一捷径，是实现理想的基石，是男人最值得拥有的法宝。勤奋练就的是男人的毅力，更是永恒。"业精于勤，荒于嬉；行成于思，毁于随。"这是著名文学家韩愈发出的感慨。男人只有勤奋好学，才能充实自我，继而成才，否则，根本成不了大事。

举世瞩目的科学家霍金就是很好的例子。史蒂芬·霍金1942年1月8日出生于英国的牛津，在霍金年青时就身患绝症，然而他坚持不懈、勤奋钻研，最终战胜了病痛的折磨，成为了举世瞩目的科学家。

霍金在牛津大学毕业后，接着到剑桥大学读研究生，这时他被诊断患了"卢伽雷病"，不久，就全身瘫痪了。1985年，霍金又因肺炎进行了穿气管手术，此后，他失去了说话能力，依靠安装在轮椅上的一个小对话机和语言合成器与人进行交谈；看书必须依赖一种翻书页的机器，读文献时需要请人将每一页都摊在大桌子上，然后他移动轮椅缓慢地逐页阅读……

但霍金并未因病痛的折磨而放弃学习，而是在一般人难以承受的艰难中，成为了世界公认的引力物理科学巨人。霍金在剑桥大学任牛顿曾担任过的卢卡逊数学讲座教授之职，他的黑洞蒸发理论和量子宇宙论不仅震动了自然科学界，并且对哲学和宗教也有深远影响。霍金还在1988年4月出版了《时间简史》，已用33种文字发行了550万册，如今在西方，自称受过教育的人若没有读过这本书，就会受人鄙视。

可见，男人的才能不是天生的，是靠坚持不懈的努力以及勤奋赢得的。勤奋可以弥补天资的不足，但如果缺少勤奋，天资再优异，结果也会与胜利失之交臂。世界上从来没有唾手可得的成功，更没有一帆风顺的事业。勤奋，是成功的秘诀，也是成功的铺路石，"一分耕耘一分收获"，没有耕耘，没有辛苦，何来收获呢。勤奋不仅是财富的源泉，还是智慧的育床，男人的聪明、才智皆来源于勤奋。男人，如果勤奋于生活、工作、学习之中，久而久之，就会培养出惊人的才智来。在我们做每件事情、每项工作的开始都是不熟悉、不懂的，但是，如果做的时间长了，多花心血研究，自然就懂了、熟练了，这个从不懂到懂，从不熟悉到熟悉的过程，就是在勤奋中变聪明的过程。

勤奋是男人幸福的宝藏——取之不尽、用之不竭的宝库，持久的勤奋，能为男人创造源源不断的、丰富的财富，这样的人生能不幸福吗；勤奋是男人收获事业的法宝，茅盾曾说过："勤奋就是成功之母"，如此一宝在手，成功不就指日可待吗！

西汉时期的匡衡，幼时家境贫寒，没钱上学，于是，他跟一个亲戚学认字，才有了看书的能力。匡衡买不起书，只好借书来读。那个时候，书是贵重的物品，一般不会轻易借给别人。匡衡就在农忙时节，给有钱人家打短工，不要工钱，只求人家借书给他看。过了几年，匡衡长大了，成了家里的主要劳力，一天到晚要在地里干活，只有中午歇息的时候，才有工夫看书，所以常常要十天半月才能读完一卷书。匡衡很着急，心里想：白天种庄稼，没有时间看书，如果能利用晚上的时间看就好了，但他家里很穷，根本买不起灯油。有一天晚上，匡衡躺在床上背白天读过的书，背着背着，突然注意到东边的墙壁上透过来一线亮光。他站起来走到墙壁边一看，啊！原来是邻居家的灯光透过来了。于是，匡衡想了一个办法：他拿了一把小刀，把墙缝挖大了一些。这样，透过来的光亮也大了，他就借着透进来的灯光，读起书来。匡衡就这样勤奋地学习，最终成了一代大家。

勤奋对于男人的一生至关重要，勤奋是财富和幸福的源泉、事业成功的法

宝，无数经典故事都说明：男人的成功主要不在其有多高的天赋，也不在其有多好的环境，而在其是否具有勤奋的精神、坚定的意志和崇高的目标。因此，勤奋学习，勤奋思考，勤奋探索，勤奋做事，一步一个脚印地向着理想迈进，肯定会取得一个又一个胜利，成长为令人骄傲的男人！

第13章

男人胆子大，敢闯敢干成大器

年轻的男人胆大才能成大事，在遇到困难险阻，面临各种风浪时，勇气和胆识是你跨越障碍的助推器。胆大的男人敢于向命运挑战，勇于披荆斩棘，不怕挫折失败，他们的人生中没有困难是无法克服的。胆大的男人能在岁月蹉跎中保持真我本色，能在困境中起死回生，能在风风雨雨中逆风翱翔，在他们的字典里没有懦弱和自卑，只有自信和拼搏。年轻的男人敢闯敢干，才能描绘出自己最波浪壮阔的未来。

真男人，敢为天下先

英国小说家萨克雷说："大胆挑战，世界总会让步。如果有时候你被它打败了，就更要不断地挑战，它总会屈服的。"男人在年轻时血气方刚，浑身上下都透着一股冲劲。不趁此时扛起拼搏的大旗，为自己三十而立时打好基础，到时候再想对人生的格局进行大的改造，恐怕难度更大。

男人生来就应不甘平庸，更何况我们正处在一生中最美好的阶段。所有的束缚对我们来说都是那么的绵软无力。孙中山先生曾高呼的"敢为天下先"，他的口号曾激励了一代又一代年轻人凭借着非凡的胆识创造历史、改变命运。

《水浒传》里的宋江文不能安邦，武不能服众，却能在好汉能人济济一堂的梁山上坐头把"交椅"，主要是因为他敢为天下先，在关键时刻靠一流的胆识抓住了难得的机遇。

宋江本来在郓城过得可以说是呼风唤雨、舒适安逸。可当他听说晁盖等人劫生辰纲的大案东窗事发，官府要派人捉拿晁盖时，丝毫没有为现在安逸的生活留恋，骑马扬鞭，赶去通风报信。私放要犯是杀头之罪，宋江冒杀头之险敢作敢为，这等勇气、胆略非常人所有。

事后证明，宋江此举，抓住了其成为梁山首领的决定性机遇。因有恩于晁盖等创业元老，宋江上山后，顺理成章地坐了第二把交椅。还是因为这次通风报信，宋江亦有恩于军师吴用，上了梁山的宋江对吴用又拉又打，顷刻之间就使之为己所用。在吴用等人的运作下，宋江终于成为梁山老大。

宋江的行为在当今社会虽不可取，但这种敢作敢为的勇气的确非常人所能拥有。"敢为天下先"就要敢为常人所不敢为，要想在人先，就要做在人前。处处落后于人又不敢有大举动的男人，他们到不惑之年却仍碌碌无为，在总结自己一生的失败结局时，不免感叹：当年我就差一个"胆"字呀！

生命不在于长短而在于是否精彩，面对平淡甚至是注定失败的人生，没有胆量做出尝试，任凭其就这样下去，这样的男人实在可悲。全球著名的经济学家梭罗即指出："有胆识的冒险，虽然有失败的可能；但没有冒险的胆识，注定会失败。"

一个园艺师向一个企业家请教说："社长先生，您的事业如日中天，而我就像一只蚂蚁，在地面爬来爬去，没有一点出息。什么时候我才能赚大钱，能够成功呢？"

企业家对他和气地说："这样吧，我工厂旁边有2万平方米的空地，我们就种树苗吧！一棵树苗多少钱？"

"40元。"

企业家又说："那么以一平方米地种两棵树苗计算，扣除道路，2万平方米地大约可以种2.5万棵树苗，成本刚好100万元。你算算，3年后，一棵树苗可以卖多少钱？"

"大约3000元。"

"这样，100万元的树苗成本与肥料费都由我支付，你就负责浇水、除草和施肥工作。3年后，那时我们一人一半。"业家认真地说。

不料园艺师却拒绝，说："哇，我不敢做那么大的生意，我看还是算了吧。"

俗话说，气魄大才可做大，胆识高方成就高。在成功的大门刚刚主动露出门缝时，就望而却步的男人，就如那原定的一句"算了吧"一样，主动放弃了改变命运的机会。

男人在三十岁之前多怀有崇高的理想，对成功的憧憬溢于言表，但是当机遇真的来到他们面前时，他们却更愿意缩回头，躲进自己的安乐屋，享受既有

的生活。这样的人不可能干成任何大事。

演员陈建斌说，稳妥的成功与冒险的失败，我宁愿选择后者，因为这种精神，《乔家大院》才会获得如此成功。这种甘愿接受冒险的失败也不愿平平淡淡的人，才具有"敢为天下先"的胆识，才能创造独一无二的人生。

台湾东吴大学校长刘兆玄曾说过："我们从小到大听到最多的教诲，都是中规中矩、按部就班。你一想就是规，就是矩，还要在中间，突破就不大了。"在知识经济时代，"敢为天下先"的精神不再是鲁莽地意气用事，而是开动脑筋，用智慧和创新对其进行新的诠释。

1971年，徐明出生于辽宁庄河，是一个典型的东北人，身上天生有一种桀骜不驯的基因。从沈阳航空航天大学毕业后，徐明被分配到大连庄河县的经贸委工作。两年后，徐明再也受不了这种只是混日子的平庸生活，一种信念告诉他，他不能再这样碌碌无为下去，于是毅然辞掉公职后，豪气满怀的徐明便单枪匹马地来到车水马龙的大连。

当一踏进生活快节奏的大连时，高度敏感的徐明便发现自己并不占有什么优势，不过是沧海一粟而已。但对于勇于接受挑战的人，机会总是有的。两年的平凡工作使得徐明对国家的国内贸易政策烂熟于心，并发现了一个发财致富的大好商机。那就是在对虾出口需要许可证的年代，却没有对熟虾出口实行许可证的规定。无疑，这是一个可遇而不可求的机会。当徐明将这个重大发现告诉一个从事对虾出口的外商时，外商在感激不已的同时，极力劝说刚刚辞职下海的徐明一同来做。1992年，徐明开始从事卖虾的生意。在买入一吨虾为7万元左右，卖出却为37万元之多的情形下，刚下海不久的徐明便在眨眼般的工夫中，轻而易举地从一个毫无资产可言的普通人一举变为拥有千万资产的大亨。也就在这一买一卖中，不到30岁的徐明便赚了3000万元，为自己掘到了人生的第一桶金。

二十几岁的徐明不仅有胆识，更富有智慧和创新的思路。正是这种与众不同、敢为天下先的策略，使得他在短时间内积聚资本，为人生高潮的到来做好了铺垫。

一个男人要想成就一番事业，就要敢于想他人所不敢想，为他人所不敢为。机会来了果断抓住，关键时刻仍一往无前。即使失败了也处变不惊、自强不息，以图东山在起。

记得塞万提斯曾经说过："丧失财富的人也许损失很大，可是丧失勇气的人，便什么都完了。"也许对于一个年轻的男人来讲，丧失了财富并没有什么，因为钱总是流去流回，但是如果他丧失了胆识，那就等于失去了成功，失去了全部。

冒险，男人成功路上的指明灯

一个男人之所以没有成为想要成为的那样的人，其唯一原因就是你不敢成为那样的人。

康德曾说过："人的心中有一种追求无限和永恒的倾向。"这种倾向的最直观的表现就是冒险。男人在二十几岁时很有必要历练自己的冒险精神，以使自己的人生呈现成功的成色。

比尔·盖茨说："所谓机会，就是去尝试新的、没做过的事。可惜在微软神话下，许多人要做的，仅仅是去重复微软的一切。这些不敢创新、不敢冒险的人，要不了多久就会丧失竞争力，又哪来成功的机会呢？"微软素来以只青睐具有冒险精神的员工而闻名。他们宁愿冒失败的危险选用曾经失败过的员工，也不愿意录用一个处处谨慎却毫无建树的员工。在微软，大家的共识是：最好是去尝试机会，即使失败，也比不尝试任何机会好得多。

正如威廉·丹福斯所说的："之所以你不是自己想要成为的那样的人，其唯一原因就是你不敢成为那样的人，一旦你有了这种胆量、不再随波逐流，而是勇敢地面对生活，你的生活将从一个崭新的阶段开始，你将发现自己的体内

充满了新的力量。"

美国人派吉曾写过一段著名的话，题目叫《只为今天》，在美国广为流传。其中一点他特别强调："只为今天，我要用三件事来锻造我的灵魂：我要为别人做一件好事；我还要做一件我并不想做的事；更重要的我要做一件我不敢做的事。"

有些年轻的男人不敢冒险是因为总担心失败，失败后恐怕连现在拥有的东西都要失去。他们总会找出各种各样的理由，来使自己不去冒险。最后，他们一事无成，只能羡慕地望着别人，看着别人在勇敢冒险之后过着富足的生活，而自己却在一味的思前想后中，安安稳稳地毫无突破，过着按部就班的生活。

还有些年轻的男人不去冒险是因为畏惧困难，一件件难事要自己去解决、一个个痛苦要自己来承受，想起来就心惊胆战。于是他们便将所有的事完全推给了别人，不管是有意义还是无意义的事，但当别人历尽艰险得到掌声和鲜花后，他们又后悔当初不该将机会拱手相让。

有些男人害怕去冒风险是因为他们习惯了安逸，他们总躺在幸福的港湾里怡然自得，无比留恋已经拥有的舒适而因此感到满足。毕竟，冒险常常会是失败的导火索，常常意味着放弃到手的一切，意味着要面对无尽的风风雨雨。

记得一位哲人说过，对那些害怕危险的人来说，危险无处不在，坐吃山空是他们未来注定的结局。

生活中有些事情看起来很难，其实不然。许多令我们害怕的事情难就难在走出第一步。第一步所需要的勇气和胆识，超过了事情本身。人的勇气和冒险精神并非与生俱来的，许多人本身能力并不差，但是因为不敢走出第一步，失去了很多锻炼自己、提高自己的良机。只有敢于冒险的年轻男人才能成为这个世界的强者，在历史的画卷上抹上浓墨重彩的一笔。

缔造出《仙境传说RO》与《卓越之剑GE》两款备受追捧的网络游戏，被誉为"RO之父"的金学主就极富冒险精神。

就在《仙境传说RO》还没有诞生的时候，韩国网络游戏开始追逐3D化的

游戏大潮时，金学圭却敏锐地觉察到，Q版游戏才是王道。

但在当时的韩国开发一款Q版的网络游戏，是存在很大风险的。整个韩国业界几乎全部看好3D化游戏，一致认为游戏的成功、失败只与3D化的效果有关。但金学圭却喜欢冒险，他不愿意一成不变地追逐所谓的潮流。也正是这样，为金学圭成就了引导潮流的地位——他的《仙境传说RO》力排众异，以Q版面市后，取得了空前的成功。金学圭于是一跃成为韩国首席游戏制作人。

在金学圭取得成功后，他却令人大跌眼镜地毅然抛弃了为他创造无数成果与荣誉的公司和《仙境传说RO》，开始建立自己的游戏开发公司，并研发了《卓越之剑GE》。事实证明了金学圭的勇气与冒险精神又再一次为他带来了成功。这款游戏还没有上市，就获得了韩国韩光集团45亿韩元的投资，并迅速在韩国、日本、欧美、新加坡等地成功推广。金学圭用他的成就证明了一个简单的道理，成功靠的不是运气而是极富挑战性的冒险精神。

年轻的男人去做以前不敢做的事，本身就是克服恐惧、建立信心的最佳良方。也唯有去冒险和尝试，才是实现人生意义的最佳途径。古今中外，有许多伟人给我们树立了榜样。

无论是哥伦布发现新大陆还是阿姆斯特朗在月球的火山粉尘上印上的那个脚印，都凝聚着人类伟大的冒险精神和奋进力量！李时珍走遍名山大川，不怕自己中毒，冒险尝遍了百草，而写出了著名的《本草纲目》。人类的好奇，产生冒险的冲动；人类的冒险，点燃文明的火炬。在人类在探索宇宙、探索自然的过程中，如果没有一代又一代的先驱冒着失去生命的危险，抱着英雄般悲壮的精神，依然坚决地向未知探索，人类探索未知世界的步伐能持续多久？但正是因为人类的血液中沉淀着的勇于冒险、敢于奉献的精神，才不断鼓舞着后人继往开来，人类的文明才能不断繁荣，一个个伟大的人物才得以横空出世。

男人在年轻时一定要培养自己的冒险精神，如果一个男人年轻时遇到困难的事不敢面对，那么在他以后的人生路上要是再碰到同样的事时还是会畏惧，那么他就永远不会得到提高。当一个二十多岁的男人鼓起勇气做了一件曾经让

他害怕却有意义的事情,那么他就已经进步了、提高了。当他坚定地走出了第一步,去进行有意义的冒险,相信在不远的将来,他必然会成为一位充满信心、勇气的职场"勇士"。

化"如果"为"可能"的伟大力量

一个勇于争取的年轻男人,他能够把人生的每一个如果化为可能,即使希望很渺茫依然能够继续向前。

男人的人生中会存在着无数的"如果",而其实每一种"如果"都代表着一次机遇、一次转折。如果男人未能及时抓住他的机遇,那么他的一生中会留下许许多多的"如果"。而一个勇于争取的年轻男人,他能够把人生的每一个如果化为可能,即使希望很渺茫,依然能够继续向前。

在现实生活中,年轻的男人们应该对自己有信心,应该有勇气去争取,即便在尝试中失败,也能让自己成长。如果连锻炼的机会都没有,又谈何积累和成长?而所有的机会只能靠自己去争取,只有主动才能为自己创造良机。

在留学生中有这样一个故事,一位留学法国的犹太留学生,由于家里突然遭遇不测,父母已经拿不出钱来供他完成剩下的一年半学业。他突然失去了经济支持,只好从独居的公寓里搬到七八个人合租的宿舍,并决定像他的室友们一样,走上打工挣钱维持学业的道路。

为了找工作,这位留学生翻开了以前从来不看的报纸广告页。突然,一则登在不起眼的角落里的广告吸引住了他:"豪华别墅,只售1法郎。"室友们听他念出这则广告后,都嗤之以鼻,甚至觉得有些可笑,这位留学生虽然是半信半疑,但还是按照报纸上提供的联系方式,找到了那个登广告的人。

登广告的是一个衣着华贵的中年妇女。问清楚留学生的来意后,她指着自己正站着的屋子的地板说:"喏,就是这里。"留学生不禁大吃一惊:这里

是巴黎近郊最著名的别墅区，富人云集，地价之昂贵可谓寸土寸金；再看身处的这幢房屋，设计高贵精妙，装潢富丽豪华，如果要售出，价格应该是天文数字，他可是无论如何也拿不出那样一大笔钱的。

"你是说1法郎……这幢房子……"拿着法院确认无疑的文件的留学生不敢相信这一切是真的，甚至有些语无伦次了。

妇人叹了一口气："唉，实话跟你说吧，这是我丈夫的遗产。他把所有的遗产都留给了我，但只有这幢别墅，他遗嘱里说卖了以后把所有的款项交给一个我从来没有听说过的女人。前两天见到那个女人后我才知道，我丈夫瞒着我和她偷偷幽会了12年……所以我才做出这一个决定——我遵守我丈夫的遗嘱，但我也不能让她轻易得到。"

很多时候，年轻的男人们凭自己对生活的经历，形成了一种固定的思维模式，认为一些事情是一定不可能发生的。但事实上，世界每分每秒都在变化，我们又怎能确定地说一些事情不可能发生呢？只要有1%的希望，我们就要尽100%的努力去争取，也许幸运女神正站在不远处向你招手呢！

纵观古今中外人类发展的历史，没有哪一个年轻男人的成功，不是在强烈的成功欲望下主动争取得来的；没有哪一个年轻男人的屈辱，不是在抱着无所谓的被动忍让态度中来临的。成功不是等来的，也不会从天而降，它是我们主动争取来的，它总是在一个个困难的后面守候那些不屈不挠的男人。

1978年，刚恢复高考的时候，有个在家种地喂猪的孩子也参加了高考，结果，由于基础知识薄弱，自然名落孙山了。落榜并不是一件可怕的事情，毕竟，像他这样的农村孩子多的是，大家都是在农村种地。

只是，他一直还在梦想参加考试，通过考试走进城市，对那时的他来说，这几乎是唯一告别他现有生活方式的选择。在暗夜的煤油灯下，忍着蚊虫的叮咬和冬季的严寒，苦读一年，再次走进考场，结果依然让他伤心失望。那年他考的比去年好多了，但报考的学生多了，而且很多人经过这一年的学习，知识水平和应考能力都有了提高，水涨船高，他又落榜了。

两次的失败几乎给他造成了致命的打击，他再也不想参加高考了。反正种地喂猪这些活儿自己又不是不会干，而且已经能够解决温饱问题，生活也日渐好起来了。这时，他的母亲让他再参加一次考试，并劝他说：没有什么大不了的，反正就是再考一次而已，咱们也不吃什么亏！他想想也是，不就是再考一次吗，顶多就是每天晚上再多看会儿书而已，而且，即使不考试，自己也有看书的习惯。结果，那年，第三次高考，他竟然出人意料地考上了北京大学西语系。

他就是新东方学校董事长俞敏洪，事后，俞敏洪回忆这段经历时说，如果一件事，你努力了，但没有成功，没有什么大不了的，生活并不会因此而糟糕多少；但如果有成功的可能，为什么不努力争取呢？

是啊，也许争取后结果依然离成功很远，但是如果不争取就完全失去了成功的可能。人生如梦，是漫长的，也是简短的。当这场梦醒来，人的一生将成为永远的回忆。回过头来，只有在这场梦中努力拼搏，不断争取，才对得起自己的生命、自己的人生。

成功并不一定是要求男人们做出什么惊天动地的大事来，也不是所有的男人都能做出惊天动地的大事，但是至少一个想要成功的年轻男人可以在自己的工作岗位上，在前进的道路上积极主动，一步一步地向前走。总有一天他们会发现：成功原来离我并不是很远！

男人得行动，自古富贵险中求

男人要冒险，一切皆有可能。冒险会为男人的生命带来前所未有的富足和充裕。

男人的人生中充满了冒险，尤其是二十几岁的时候。生活中的冒险就是勇敢地跳下悬崖，在下坠的过程中不断地为自己振动翅膀，再次高飞。每个男人年轻时都面临着这样的冒险,没有冒险,生命怎能充满激情与繁华,又有哪个男人愿意谨谨慎慎、荒荒凉凉地过一生?勇于冒险能为你的人生带来意外的惊喜,就像秋天清晨的路边,能赫然看到沾着露水的花朵,你的心神便可以随它清新绽放。

假如你想去什么地方,那就不能坐着不动,一定要有所行动;假如你不愿自己从"瓶颈"里探出头来,就不会有所成长。男人年轻时不冒险,就不会有收获。每当你与别人分享内心最深处的情感时,就要冒被别人背叛的险;每当你把自己交托在互动的人际关系中时,就要冒被拒绝的险;每当你要表达自己的见解时,就得冒被批评的险。每一个男人都必须借助桥,才能走到另一岸的陆地,所以男人只有不断冒险、努力地跨越障碍,才能走上专为你准备的康庄大道。假如你一直避免去冒险,那就只好过着远离优质的生活,并且这也会限制你的成长。常常,你会发现冒险会为你的生命带来前所未有的富足和充裕,正所谓"自古富贵险中求"。

当人们谈起美洲的时候,总忘不了哥伦布。因为哥伦布的勇于冒险才发现了美洲大陆。

1492年8月3日清晨,年轻的哥伦布带领着87名水手,驾驶着3艘帆船,离开了西班牙的巴罗斯港,开始了人类历史上第一次横渡大西洋的壮举。在海上航行了2个月零9天之后,哥伦布他们终于到达美洲巴哈马群岛的华特林岛。哥伦布把这个岛命名为"圣萨尔瓦多",意即"救世主"。

哥伦布踏上了他当时误认为是"印度群岛"和"日本"的新大陆,并在美洲游历了一番。而后,返回了西班牙的巴罗斯港。

回来以后,年轻的他顿时成了英雄,受到西班牙国王和王后的隆重接待。在一次欢迎宴会上,有人高声说道:"我看这件事不值得这样庆祝。大陆是原有的,并非哥伦布所创造。只要坐船一直向西航行,谁都会有这项发现。"

这时,哥伦布笑着说:"你讲得似乎很对,其实不然,我们不妨一试。"说着,他顺手抓起桌上放着的熟鸡蛋,接着说:"各位试试看,谁能使熟鸡蛋

的小头朝下，在桌上立起来？"大家纷纷拿起面前的熟鸡蛋试着，但谁也没能把它立起来。

于是那位绅士得意扬扬地说："既然哥伦布提出了这个问题，那就让他自己试试吧。"

全场的眼光都朝哥伦布看过来，只见他手握鸡蛋，小头朝下，"啪"的一声敲在桌上，手一松，那枚鸡蛋就牢牢地立在桌上了。

那人高叫起来："这不算，你把蛋壳摔破了，当然可以立住。"

这时，哥伦布正色说道："对！你和我的差别就在这里，你是不敢冒险、不敢摔，而我是敢冒险、敢摔。

这就是冒险的力量，如果没有哥伦布的冒险精神，他就不会登上人生的巅峰，历史上也会少了一段精彩。

善于冒险的年轻男人脚程总是比别人快一步，能主动寻找所有可以突破的机会。他们的人生观像冲浪者、登山者，而且冲浪的范围不只是外面的海洋，还有自己内心最深处的海洋；攀登的不只是外在的喜玛拉雅山，而是在探索内心最高处的山峰。

涉世之初的男人要勇于冒险，勇往直前。他要冲击、要冒险、要闯出一条自己的光明大道，从风霜到雨雪，从枪林到弹雨。对这样的男人而言，没有什么无法克服的困难，没有什么无法超越的现实。勇于冒险的男人天生就是一个霸王。

身为男人，永远别忘记冒险的艺术，永远、永远别忘记。要维持你冒险的能力，每当你有机会冒险，千万别错过，你只会赢不会输。唯一能保证你真正闯下一片天、拥有辉煌未来的方法就是去冒险。

人生就是一艘游荡在生命长河中的帆船，会经受无数的风雨洗礼，也会享受无数的艳阳高照。男人年轻时总会经受许许多多的大浪，浪头总是汹涌无比，让你胆战心惊，患得患失。但是，帆船是被浪头击倒还是平稳地渡过，真正掌握它命运的是你，是你的冒险精神！你既可以让它从风浪中搏出，又可任

它被浪头击倒，陷入长河的漩涡里，这一切的一切，主宰人是敢于冒险的你。

男人要勇敢，用勇气诠释人生

每个年轻的男人处世都离不开勇气，勇气是男人做人的法宝和生活的必需品！

勇敢是年轻男人的品质之一，年轻的男人要勇敢。在你为目标、为理想、为心愿的追求中，常常会遇到各种各样的困难和风险，这时你需要勇于克服困难，敢于承担风险，勇于进取，敢于胜利，而这一切的着眼点就在于勇敢。男人要勇敢，敢于披荆斩棘，不怕刀山火海，不怕威逼恐吓，不怕挫折，一往无前，不达目的誓不罢休。

勇敢还是年轻男人的一种思维和行为习惯。当你面对成规陋习、传统糟粕时要敢于除旧布新，不怕保守势力的讥讽，不怕世俗闲杂的眼光；当你看到黑白颠倒、是非不分时要敢于挺身而出，拔刀相助；当你面临个人利益的损失时要敢于明大义，识大体，懂得轻重缓急。

奋不顾身，见义勇为，这些都是年轻男人行为上的勇敢；原谅他人的失误，正视自己的错误，这是男人心灵上的勇敢。心灵上的勇敢比行为上的勇敢更难，如同战胜自己比战胜他人更难一样。

1965年，法国发生了民变。所有在巴黎的学生、市民都走上街头，要求当时的总统戴高乐下台。戴高乐无计可施，只有来到德国巴登求助，而法军驻德司令部正是设在这里。戴高乐要求驻德法军司令带兵回到巴黎平息民变，但戴高乐的两次要求都遭到那里一位年轻驻德法军司令的拒绝，并劝说戴高乐放弃这个想法。

在后来的岁月中，戴高乐非常感谢那位年轻的司令，称颂那位司令勇敢地拒绝执行他的命令。他还写信给那位司令的妻子，说这是上帝在他无能为力时

让他来到这里，又是上帝让他碰到这位司令。不然，他就可能是历史的罪人了。

二十多岁的男人要勇敢，同时也要理性，要有勇气拒绝荒唐而不道德的命令。男人的勇敢是忠于科学思维的，而不是简单的匹夫之勇。

涉世之初的男人要学会勇敢，因为做人需要勇敢！男人要勇敢，想做的事就果敢地做，想说的话就大声说出来，想要的幸福就大胆去追求。男人，要有勇气，永远相信自己！那么是什么原因让一个男人变得勇敢无畏而超凡出众，让一个默默无闻的男人变得胸怀大志，让一个甘当小人的男人变得顶天立地呢？

奥斯卡经典电影《勇敢的心》中的男主角华莱士便是一个具有非凡能力和勇气的男人。

从小他就目睹了父亲为反抗英格兰贵族的统治而惨死在敌人的刀下，小华莱士只能怀着一颗仇恨的心背井离乡寄养在他叔叔家。临走时，一个女孩送了一朵小野花给他。小华莱士为这悲情中收获的温情而感到欣慰，从此一直用手帕小心地收藏着这朵干草花。此后的华莱士就是为了这朵干草花和为父亲复仇的念头而活着、成长着！

悲剧还在继续上演，贪得无厌的英格兰贵族残忍地杀害了已经长大并刚成为华莱士妻子的那个"小女孩"，这让华莱士彻底变得一无所有。亲人们的惨死、希望的破灭，让华莱士那颗本已平复的心又燃起了强大的复仇动力和决心！他带领着饱受欺辱的乡亲们毫不犹豫地举起了反抗英格兰贵族的起义之旗，并用同样的手段杀死了残害自己妻子的凶手。

他出生入死、英勇无敌，在残酷的战争中和与敌人血腥搏杀中毫不畏惧，赢得了一次次辉煌的胜利。从此华莱士名扬英伦三国，成为受苦百姓心目中当之无愧的第一英雄！

男人的勇敢并非与生俱来，一个年轻的男人完全可以在特定情景下成为勇敢无畏的人，因为勇敢并不是一种习惯，也不是一种常态。华莱士就是爱与恨

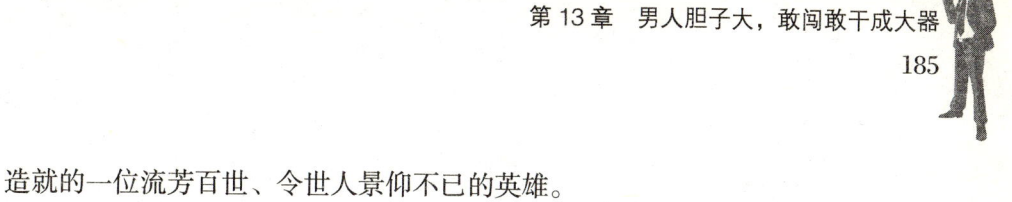

造就的一位流芳百世、令世人景仰不已的英雄。

男人要勇敢并不一定要轰轰烈烈，一生在英勇中奋进，其实男人在平淡的生活亦能展示勇敢的生命力，只要拥有根植于心灵深处的坚持和理想、平凡而无畏的爱，那么一颗年轻而平常的心就会变成一颗勇敢的心。男人因为那颗心的勇敢而无所畏惧，敢于用勇气诠释人生。

当一个男人走到生命的终点，回顾过往一生，痛感自己因为怯懦而放弃了生活给予的那么多机会时，这是最痛苦的自责。每个男人都要有勇气，尤其是年轻时，要敢于面对生命和死亡，只要在回忆的过程中，能体会到勇敢的快乐，对自己满意就足够了。每个二十几岁的男人都离不开勇气，拿出勇气也并非难事，但勇气不单单是危机时刻求生的法宝，更是生活的必需品！

第14章
男人冒险不傻冒，胆量需要智慧的协助

　　任何一个男人都知道，当今社会是充满风险和变数的社会，无论你选择做什么，都不会一帆风顺，但你若希望获得成功，就不能因为风险的存在而不去冒险，不去冒险是最大的危险。当然，在风险中求生存和发展，在风险中寻找机遇，还需要你多做准备，将危险系数降到最低，这才是一种理智的冒险，才更有把握冒险成功。

男人有勇气，但不要蛮干到底

成功的变通方法是一种高级的生存智慧，它可以使年轻的男人在危难关头化险为夷，在复杂变幻的职场中如鱼得水，在捉摸不定的人际交往中处于不败之地，让男人拥有成功的人生。

二十几岁的男人思维灵活，拿得起、放得下的资本更厚重，因此更要懂得变通。变通是一门艺术，更是一门学问。所谓"穷则变，变则通"，很多男人之所以一生都碌碌无为，那是因为他活了一生都没有认真地去体味、揣摩过成功人士成功的原因，都没有弄明白变通对人生的决定性作用，都不知道怎样变通才能为自己的人生画上绚烂的一笔。成功的变通方法是一种高级生存智慧，它可以使你在危难关头化险为夷，在复杂变幻的职场中如鱼得水，在捉摸不定的人际交往中处于不败之地，让你拥有成功的人生。

当二十几岁的的男人树立了一个明确的目标之后，他就必须制订一个相应的计划。可是，这还远远不够，因为任何事情都是处于变化之中的，往往一件事的发展总是出人意料的。原有的计划可能会不再适合于已经变化了的局面，这时他就必须对此做出改变。对于改变，一个思想僵化、保守的男人显然是难以应对的，只有那些最为乐观而最富有创造性的男人才能够思路开阔、灵活机变地对待不可避免、持续发展的变化，而这些变化恰恰是实现目的所必需的催化剂。

有个人在一个热闹的街角拥有一所房子，街角附近有一所学校。每天放学后，几乎所有的学生都会抄近路从他的院子里经过，没多久草地上就被踩出了一条泥路。

为了解决这个问题，他每年都绞尽脑汁想各种不同的防范措施。这么多年来，他尝试过重新播草籽、铺草地、竖篱笆，他呵斥过那些孩子，甚至还养了一条狗，但是这个问题始终没解决，他已经筋疲力尽了。

有一天，正当他站在草地上考虑卖房子的时候，房子外墙上的砖头给了他灵感。于是他在泥路上铺上砖头，把它变成了一条永久的路。从此这条小道成为了学生们"合法"的捷径。他终于卸下了积压多年的包袱，甚至开始期待学生们来享用自己的"杰作"。

如果这条路行不通，那就再找一条。是啊，人生中有许多条这样的路，又有多少人能用变通的思维方式走过条条道路呢？

其实，面对着人生的道路，我们要学会变通，这样走不行可以换另外一种走法，另外一种走法仍然不行，我们可以继续换第三种走法。种种道路，总会有一条道路会通向成功。

二十几岁的男人要切记，成功的关键，不是坚持到底地蛮干，有时候更需要以巧破千斤的变通！

英国作家萧伯纳曾说过："聪明的人使自己适应世界，而不明智的人只会坚持要世界适应自己。"事实上，一个学会适应、学会变通、办事头脑灵活的年轻男人，不但能在生活中游刃有余，在事业上也同样顺风顺水。

条条大路通罗马。当年轻的男人们陷入困境的时候，不妨学会变通，开动灵活的头脑，不死守规矩，就能走出困境，就能在人生的长河中如鱼得水。毕竟人是活的，死守规矩只会害死人，这是成功人士的经验之谈，也是他们所不可缺少的成功秘诀。学习它，掌握它，运用它，男人们就能改变自己，改变人生。

物罗兹说过："生活中最大的成就是不断地自我改造，以使自己悟出生活之道。"而这种改变也正是人们所说的变通。

我国古代伟大的思想家、教育家也是儒家学派的创始人孔子，在为人处世

时就十分懂得"变通"二字。

春秋末期，孔子曾被围困在陈国与蔡国之间，整整10天没有饭吃，有时连野菜汤也喝不上。

有一天，学生子路偷来了一只煮熟的小猪，孔子不问肉的来路，拿起来就吃，子路又抢了别人的衣服换来了酒，孔子也不问酒的来路，端起来就喝。可是，等到鲁哀公迎接他时，孔子却显出正人君子的风度，席子摆不正不坐，肉类割不正不吃。子路便问："先生为何现在与在陈、蔡受困时不一样了呀？"孔子回答道："以前我那样做是为了偷生，今天我这样做是为了讲义呀！"

还有一次，孔子落魄于野，他的弟子向当地富人求食。富人一听是孔子的徒弟在讨饭，就写了个"真"字，问他是什么字，弟子说是个"真"字，可是富人非说不对，不给食物。孔子听弟子一说就去了，说："直八。"富人连呼："厉害！厉害！果然不愧是大师。"弟子疑惑，明明不就是"真"吗？孔子说："认真，认真我们就不该讨饭了，现在就是认不得'真'的时候啊。"

圣人和常人最根本的区别就在于：圣人创造"规矩"，开创未来；常人遵从"规矩"，重复历史。孔子之所以能被人尊称为圣人，是因为他懂得实事求是地思考分析问题，绝不死要面子活受罪，实际上这也就是我们所说的懂得变通。

生活中最重要的不是对政策和规矩的贯彻到底，而是知识和原则的融会贯通。就像数学公式一样，我们背得再多，很快便又要忘记，但是，只要我们了解了公式里的解题技巧与原理，不管考题如何变化，我们也都能迎刃而解！

俗话说好"东方不亮，西方亮"，人世间没有绝境，上帝最爱耍的花招不是把你逼入绝境而是给你无数的选择，让你以变通来应对。年轻的男人应该学会变通，变通的意识使你不拘泥于某种方式或方法，灵活机变的素质可以使你在时时变化的社会中处于主动，搏击人生。

男人要尝试，更要讲究方法

方法永远比努力更重要。二十几岁的男人们如果能在做事时撑握一定的技巧和方法，就可以达到事半功倍的效果。

一提起成功，很多男人立马想到的就是勤奋和不懈努力，坚持再坚持地忍耐。"老黄牛式"的年轻男人总是振振有词地说："爱因斯坦不是曾说'99%的汗水+1%的灵感才等于成功'吗？只要我们埋头苦干，不断努力，成功一定指日可待！"但怎样理解"勤奋"二字呢？难道我们从小听到的"勤奋"，就是毫不停歇地埋头苦干吗？

曾经听说这样一个人故事：有一个非常勤奋的青年，很想在各个方面都比身边的人强。经过多年的努力仍然没有长进，他很苦恼，就去向一位智者请教。智者叫来正在砍柴的三个弟子，嘱咐说："你们带这个施主到五里山，打几担自己认为最满意的柴火。"年轻人满怀疑惑地随着这三个弟子，沿门前湍急的江水岸边，直奔五里山。

等到他们返回时，智者正在原地迎接他们——先是年轻人满头大汗、气喘吁吁地扛着两捆柴，蹒跚而来；随之两个弟子一前一后，前面的弟子用扁担左右各担4捆柴，后面弟子轻松地跟着也到门前。正在这时，从江面飞来一个木筏，载着小弟子和8捆柴火，停在智者面前。年轻人和两个先到的弟子，你看看我，我看看你，沉默不语；唯独划木筏的小弟子，与智者坦然相对。

智者见状，问："怎么啦，你们对自己的表现不满意？"

"大师，让我们再砍一次吧。"那年轻人请求说，"我一开始就砍了6捆，扛到半路，就扛不动了，扔了两捆；又走了一会儿，还是压得喘不过气，又扔掉两捆，最后，我就把这两捆扛了回来。可是，大师，我已经很努力了。"

"我和他恰恰相反，"那个大弟子说，"刚开始，我俩各砍两捆，将4捆柴一前一后挂在扁担上，跟着这个施主走。我和师弟轮换担柴，不但不觉得

累,反而觉得轻松了很多。最后,又把施主丢弃的柴挑了回来。"

用木筏的小弟子接过话,说:"我的个子矮,力气小,别说两捆,就是一捆,这么远的路也挑不回来,所以,我选择走水路……"

智者用赞赏的目光看着弟子们,微微颔首,然后走到年轻人面前,拍着他的肩膀,语重心长地说:"一个人要走自己的路,本身没有错,关键的是怎样走;年轻人,你要永远记住:方法比努力更重要。"

就像这位智者说的那样,方法永远比努力更重要。男人在二十几岁时如果能在做事时掌握一定的技巧和方法,就可以达到事半功倍的效果。做任何事之前,男人们都要充分开动脑筋,认真剖析所做之事怎么做才能进展快、成效高,反复考量,这样才能在最短的时间内找到符合实际的方法或策略。这就如同撰写一篇文章,要通过谋篇布局,确定总的写作框架,明确各层次的结构,然后才能知道从何处下笔撰写。

德国的博多·舍费尔写过一篇文章叫《达瑞的故事》。里面的主人公达瑞八岁的时候,他偶然有一个和非常成功的商人谈话的机会。商人给了他两个重要的建议:一是尝试为别人解决一个难题;二是把精力集中在你知道的、你会的和你拥有的东西上,这两个建议很关键。因为对于一个八岁的孩子而言,他不会做的事情很多。于是达瑞从此就不断地思考。

一天,吃早饭时父亲让达瑞去取报纸。当地的送报员总是把报纸从花园篱笆的一个特制的管子里塞进来。假如是在在冬天,人们想穿着睡衣舒舒服服地吃早饭和看报纸,就必须离开温暖的房间,冒着寒风,到花园去取。虽然路短,但十分麻烦。

当达瑞为父亲取报纸的时候,一个主意诞生了。当天他就按响邻居的门铃,对他们说,每个月只需付给他一美元,他就每天早上把报纸塞到他们的房门底下。很快他就有了七十多个顾客。一个月后,当他拿到自己赚的钱时,觉得自己简直要飞上了天。

很快他又想到新的赚钱方法,他让他的顾客每天把垃圾袋放在门前,然后由他早上运到垃圾桶里,每个月加一美元。之后他还想出了许多孩子赚钱的办法,并把它集结成书,书名为《儿童挣钱的二百五十个主意》。为此,达瑞十二岁时就成了畅销书作家,十七岁时就拥有了几百万美元。

二十几岁的男人如果在年轻的时候做事就懂得讲求方法,并且使用得当,就会事半功倍。成功的男人总是能够客观地分析事实,然后扬长避短,最终取得成功。

在社会生产力低下、人们认识水平不高的年代里,想要成功,年轻男人个个把埋头苦干的做法奉为真理。但在当今这个竞争压力如此巨大的社会,年轻的男人们还能把"勤奋"这两个字仅仅停留在形式上来理解吗?

很难想象一个成功的企业家不根据市场的需求调整方案,只是讲究一味埋头苦干;很难想象一个著名的科学家不讲究方式方法地试验,只是一味地埋头苦干。成功的男人们往往不过多地耗费体力,时时变通,事事创新,他们在体验创造的乐趣,他们在体验变化的美丽,他们在留心捕捉一切闪过脑海的机会……

勤奋,不再集中地体现于辛劳耕作的男人;勤奋的火花,更多点亮的是智慧的火把——它使那些勤于动脑的男人散发出无法比拟的光彩。

男人有魄力,为胆量注入智慧

有魄力的男人,能为胆量注入智慧,绽放勇气的光华。

魄力是年轻男人生命画卷上的一抹灵动的色彩,是二十几岁男人性情乐谱上的一行激昂的音符。有魄力的年轻男人时而摇曳着芍药般的火红与热烈,时而散发着醇酒般的清冽与芬芳,时而闪耀着魔幻般的色彩与魅力。

魄力是年轻男人热情与智慧碰撞出的火花,是果断与灵感嫁接出的果实。男人有魄力才能举重若轻,决胜于千里之外,在人生长河里掀起澎湃的浪花,

呈献给世界激越的诗行。

　　年轻男人的魄力是氤氲在枝丫之间的一种浩荡之气,是弥漫于花叶之间的一抹气宇轩昂的幽香,是生命大树接受阳光滋养后吐露出来的最阳刚的部分。魄力能彰显男人的英武之气、伟岸之气、豪爽之气、通达之气和机敏之气。有魄力的男人容易得到别人的接纳和认同、首肯和敬仰,人们也往往更愿意把重任交给这样的男人。

　　在芬兰的一个小村里,有一家由小小的木材企业发展而成的通信企业。1993年,这个企业年轻的总裁下达了一个条人不可思议的命令:将移动通信公司之外的所有公司通通卖掉。命令一出,公司上下一片哗然,反对的声音就像潮水一样涌向了总裁,有的人甚至出口伤人。

　　面对汹涌而来的责难声,这位年轻的总裁毫不动摇,他的固执和我行我素,让他招致了更猛烈的抨击。但是,无论抨击的声音有多大,对他个人的攻击有多令人难以接受,他始终没改变自己的决定,并坚信自己决策的正确。那一年,他出售了其他所有的公司,将所有的财力、物力、人力都集中在了移动通信业务上。可以这样说,为了保证移动网络和移动电话业务的持续发展,他毫不手软地放弃了其他公司,哪怕都是赢利的公司。

　　在无数的指责和疑问声中,公司的业绩却以惊人的速度增长着。1998年8月的一天,位于芬兰赫尔辛基西部的公司总部里一片欢腾,人们打开一瓶又一瓶的香槟,庆祝公司销售网覆盖国家的数量超过了麦当劳。这个公司就是著名的诺基亚公司。而那个曾经面对过无数责骂的年轻总裁,就是约玛·奥利拉。

　　就在1998年,诺基亚的产品已经销往130个国家和地区,比麦当劳多15个,在10个国家建厂,在45个国家设立销售办事处,拥有4.8万名员工,年销售额达到了1180亿瑞典克朗。

　　当目光短浅的人喋喋不休地责难时,有魄力的年轻男人有着足够大的胸怀坦然地面对责难,因为他看到的是一个美好的未来。有魄力的男人勇于放弃那些金光闪闪的既得利益,而去追逐更远大的新天地。年轻的约玛·奥利拉正是这样一个有魄力的男人，他不但有着旁人无法企及的眼光，更有着果敢决绝的魄力，再加上他有容乃大的胸怀，才造就了他的通信王国。

魄力是年轻男人处事所具有的胆识和果断的作风，敢于想，敢于做，勇于负责。在这个世界上，胸怀决定着男人的境界，眼光决定着男人的未来，而魄力则决定着二十几岁男人未来的成败。

有魄力的年轻男人，敢于在风口浪尖上奋勇直前，表现出身为男人挥洒自如的宏伟气势，一种伟人不败的风范。他们做事行云流水、酣畅淋漓，却又让人坦然安心。二十几岁男人真正的魄力建立在智慧之上，是胆量的升华，是谨慎的豪爽，是细密的英气，折射出男人果断、刚毅、机敏、迅疾的品质。

魄力是男人年轻的血性，闪烁着迷人的金属的光泽。畏首畏尾和瞻前顾后的男人不会有魄力，抱残守缺和墨守成规的男人同样难有魄力，因为是前者太注重结果，后者太留恋当下。男人年轻时有魄力，往往有独到的眼力和深厚的实力，不仅乐于放手当前，而且敢于力拼未来。他们也许不会保证赢得每一次成功，但他们一定坚信自己的义无返顾、坚持自己的方向和坚守自己的信念。有魄力的男人即使不幸失败了，呈现给世界的也只是悲壮中的波澜壮阔，而不会是凄凉中的暗自神伤。

逆风前行、坚定不移是年轻男人的魄力，能在坚持风雨中秉持刚毅的深情，抵抗尘俗中的流言蜚语；刚硬如铁、潇洒自如是年轻男人的魄力，能在岁月的风霜雪雨中保持真我本色，在漫漫征程中历久而弥新。魄力是二十几岁男人面对困境时的果断抉择，是永不言败的信心，是锲而不舍的执着，是鹰击长空的声势，是飞黄腾达的秘籍，是成就事业的利剑，是勇气十足的表现。

因为年轻，男人更要果断

生活中不缺乏聪明的男人，也不缺乏有才气的男人，但他们中的很多人却始

终和成功失之交臂，永远活在失败的阴影中。究其原因，缺乏果断的决策力，在关键时刻拿不定主意，左右摇摆，举棋不定，是造成他们人生窘境的症结。

这种性格往小了说是优柔寡断，往大了说就是缺乏主见。一个男人即使是有再伟大的目标，再高远的志向，都会被这种拖泥带水的作风所扼杀。

果断是男人在年轻时就应该修炼出的良好素质。我们所处的是一个充满激烈竞争的时代，是否能果断决策、及时行动，以抓住最佳机遇尤为重要。中国有句俗话说得好：机不可失，时不再来。如果将机会白白浪费在等待中，那么日后遭受的损失也许更惨重。

一头毛驴幸运地得到了两堆草料，犹豫着不知先吃哪一堆才好，在两堆草之间徘徊，就这样，守着近在嘴边的食物，因为它不懂得选择，这匹毛驴竟被活活地给饿死了。

毛驴是在犹豫中死的，很多年轻男人也是在犹豫不决中错失机会、贻误前程而悔恨终生。因此，男人们有必要提升自己做出判断的能力，逐渐将果敢做事变成一种习惯，使自己受益无穷。

德国诗人歌德说："长久迟疑不决的人，常常找不到最好的答案。"在生活中，有时候，男人们会陷入一些困境，当困境变成绝境时，男人们更要勇敢果断地做出决定，置之死地而后生，就像壁虎遇到危险就会果断地断尾一样，并且要相信很快就会迎来柳暗花明的一天。

日本日立公司为了扩大企业规模，发展生产，投入了大量资金，他们购买新建厂房需要的建筑材料，又新添置一些设备。而这时，正赶上了20世纪60年代初整个日本经济萧条时期，现有产品滞销，可想而知扩大企业规模是不行的。面对这一危险情况，有两条路可供日立公司选择：一条路是继续投资；另一条路则是停止对施工投资。日立公司，在通过大家仔细讨论、分析、研究，到最后，果断地决定走后一条路，实行战略目标转移停止投资，把资金投放到其他效益的方面，积蓄财力，伺机发展。经过实践证明，日立公司当初的选择是正确的。1966年到1970年，5年内日立公司销售额提高了1,7倍，利润提高了1.8倍。

俗话说得好："机不可失，时不再来。"犹豫不决只会使你白白丢失机会。男人要懂得抓住机遇、速战速决。只有牢牢把握住效率的先机，才能使成功越来越近。

香港首富李嘉诚在中国香港及亚洲经济界占有举足轻重的地位。他的成功与其魄力和果断是分不开的。

20世纪70年代后期，中国香港股市热得烫手，李嘉诚以绝对的魄力迅速投资入市炒作，丝毫不手软。英资怡和集团的"九龙仓"是他首先瞄准的目标，李嘉诚悄悄地买入，又果断地抛出，因此而净赚了5900万港元。1978年，很快地，他又把目光对准了另一家老牌英资公司"青州英妮"，他很快在股市上收购了25%的"青州英妮"股票，并出任该公司的董事。紧接着李嘉诚又集中火力，对英资和记黄埔穷追不舍，在股市上大量吸纳和记黄埔的股票。1980年11月，经过整整一年不间断的努力，终于，超过40%的和记黄埔股权被李嘉诚成功地拥有。1981年1月1日，他正式出任老牌英资洋行和记黄埔董事局主席。就这样，李嘉诚的资产像吹气泡一样膨胀起来，成为中国香港首富。

戴尔·卡耐基曾说："成就最大的人往往是那种愿意行动而且敢于行动的人。"李嘉诚的成功充分验证了这句话，如果不是他在每次的机遇中都能果断决策、主动出击，如今他也不可能取得如此巨大的成功。

古希腊哲学家赫拉克利特说过："人不能两次走进同一条河流。"世界的万物都在变化着，我们所面对的每一分每一秒都是一个崭新的世界。新的一天来临时，尚且年轻的男人们更应该果断地去做自己想做的事。瞻前顾后，犹豫不决，只会给未来留下诸多的叹息。

我们常说爱拼才会赢，因为年轻，男人更要敢闯、敢拼，即使是错了，积累的经验也会助你日后登高；选择走回康庄大道的机会和时间更是绰绰有余。在男人的字典里，不应有怯懦、犹豫、彷徨，在年轻时果敢迈出拼搏的每一步，你的成就必然比同龄人高出一筹。

参考文献

[1]卫强.男人对自己狠一点，离成功近一点[M].北京：中国华侨出版社，2014.

[2]李雪.男人，好好经营你的30几岁[M].天津：天津人民出版社,2017.

[3]秋微.男人相对论[M].北京：北京联合出版公司,2016.